RETROFONTS

GREGOR STAWINSKI

VERLAG Hermann Schmidt
MAINZ

Herzlich willkommen zu einer typografischen Zeitreise!

Schrift codiert Zeitgeist! Welche Schrift aber bringt den Swing der Sixties, die Flower Power der Siebziger oder den Punk der Eighties in die Gestaltung von heute?

Gregor Stawinski hat für Sie über 400 Fonts aus 100 Jahren zusammengetragen und nach Stil-Epochen sortiert – dabei geht es weniger um kunsthistorische Korrektheit als um die Verortung im kollektiven Gedächtnis. Nicht das Jahr, in dem die Schrift entstand, ist entscheidend, sondern das Jahrzehnt, das sie prägte (und das kann deutlich auseinanderliegen – nicht jede Schrift setzt sich derart schnell und dominant durch wie seinerzeit die Rotis Seite 545 und 551).

Weil die vorgestellten Schriften den Spirit einer Epoche atmen, nennen wir das vorliegende Buch *Retrofonts*, auch wenn diese Bezeichnung nur für den Teil der Schriften korrekt sein kann, die heute von begeisterten Schriftmusterbuch-Sammlern und engagierten Typedesignern im Retrolook neu entworfen werden. Daneben zeigt dieses Buch Schriften, die Epochen prägten. Unvergessene Klassiker und Typen, die wiederzuentdecken sich lohnt, Schriften auf dem Sprungbrett zum Revival und Displaytypes, die homöopatischer Dosierung bedürfen: das Zitronengras unter den Fonts ... Um Ihnen ein möglichst breites Spektrum an Schriften zu präsentieren, haben wir auch solche aufgenommen, die nicht perfekt ausgebaut sind, Schriften, die dem fachmännisch-kritischen Blick aufs Einzelzeichen nicht standhielten. Hier geht es um den Look. Dafür komponiert Stawinski 600 Seiten aus fiktiven Schriftmusterbüchern der Jahrzehnte und würzt sie mit historischen und heutigen Anwendungsbeispielen und schult so Ihren Blick.

Da möchten Sie am liebsten gleich selbst loslegen? Eine CD mit 222 Freefonts macht's möglich – und Lust aufs Stöbern mit geschärftem Blick bei Linotype, fontshop & Co.

Viel Freude mit »type of the time« wünschen

Karin und Bertram Schmidt-Friderichs

PS: Manche Schriften, die wir gern im Buch gehabt hätten, fehlen. Wir können nur zeigen, was wir freigegeben bekommen. Wir danken den Foundries, die uns den Abdruck ihrer Schriften erlaubten, und den Designern, die ihre Fonts für die CD freigaben. Auch Freefonts haben Nutzungsbestimmungen, beachten Sie bitte auf der CD eventuelle Einschränkungen der kommerziellen Nutzung.

This is your Captain speaking
Über Retro, Fonts und Retrofonts

Sind Futura Seite 230 und Helvetica Seite 436 Retro? Sicher nicht! Oder doch eher: Aber natürlich!? Ob eine Schrift »Retro« ist, entscheidet erst der Kontext, in dem sie eingesetzt wird. Lassen sich doch auch vermeintlich sachliche und emotionslose Typen mit den richtigen Zutaten – etwa Farbe und Komposition – für Retrodesign wunderbar verwenden. Andersherum offenbaren auch die kitschigsten und augenscheinlich zeitgeistigen Alphabete in der Hand des geschickten Gestalters moderne Assoziationen. Dennoch gelingt die typografische Zeitreise, wenn – wie für diesen Band geschehen – die beliebtesten Typotrends der jeweiligen Gestaltungsepochen aus Hoch-, Sub- und Massenkultur zusammengetragen und bilderreich präsentiert werden. Dann bietet die Revue der bewegten Typografie-Geschichte des 19. und 20. Jahrhunderts spannende Erkenntnisse, lehrreiche Zusammenhänge oder darf auch einfach nur Spaß machen.

Die Anwendungsbeispiele zeigen, in welchem Kontext die Schriften eingesetzt wurden, wie sie in Komposition mit Bild, Farbe und Form standen. Mitunter wurde die Schrift natürlich gar nicht gesetzt, sondern – wie es zum Beispiel in den Fünfzigern ab Seite 332 gerne geschah – mit spontanem Pinselschwung oder geschult geführter Kalligrafie-Feder zu Papier gebracht. Auch finden wir unter den Punks der Achtziger ab Seite 536 keine ausgebildeten Grafiker, die ihr Trash-Design sorgfältig gesetzt haben. Die solchen Stilepochen zugeordneten Schriften simulieren diese Trends, und es gilt zu entscheiden, ob man nicht doch lieber selbst zum Stift greift, ehe ein Font installiert wird. Ebenso wie der Zweck zu entscheiden hat, wann ein Freefont sinnvoll ist, oder eben doch besser ein professionell zugerichteter Font, der im Zweifel Zeit und Nerven spart.

Viele der vorgestellten Fonts stehen in mehreren Schnitten zur Verfügung – die Überlegung alle abzubilden scheiterte spätestens bei der guten Univers Seite 407. Insofern werden in der Regel die für die jeweilige Epoche prägenden Schnitte vorgestellt. Davon unbeeindruckt versammeln sich auf der beigefügten CD alle angebotenen Freefont-Schnitte und warten darauf, für Ihr Retrodesign erprobt zu werden. Oder für jedes andere Design – wie gesagt kann der Reiz auch darin bestehen, die Schriften jenseits ihres zeitlichen Kontextes neu zu interpretieren.

Ehe nun Ihre Reise beginnt, möchte ich denjenigen danken, die bei den Reisevorbereitungen geholfen haben. Zunächst natürlich all den Schriftentwerfern, die unser umfangreiches Schriftenerbe aus schweren Musterbüchern ins digitale Zeitalter überführt haben. Ganz besonders denjenigen, die uns erlaubten ihre Schriften auf CD mitzuliefern. Dank an alle Foundries und Studios, die uns ihre Schriften und Bilder für dieses Buch zur Verfügung gestellt haben. Ein besonderer Dank gilt Thomas Heyl und Michael Keller, die mich bei den Recherchen geduldig unterstützt haben und aus deren Archiven so manche historische Abbildung ihren Weg in diese Publikation gefunden hat. Danke auch an Brigitte Raab vom Verlag Hermann Schmidt Mainz für die Koordination dieses Projektes. Und natürlich danke ich Karin und Bertram Schmidt-Friderichs, die dieses Projekt möglich gemacht haben. Nicht zuletzt, sondern von ganzem Herzen, danke ich Joanna Krettek, die dieser Buchidee seit Jahren ihr aufmerksames Ohr und ihre kritische Stimme leiht.

Gregor Stawinski

Inhalt

1. **ca. 1830–1900**

2. **ca. 1890–1918**

3. **ca. 1918–1933**

4. **ca. 1918–1933**

5. **ca. 1933–1945**

6. **ca. 1945–1960**

7. **ca. 1955–1968**

Anhang **609**
Literaturverzeichnis **610**
Copyright **611**
Register der Schriften **612**
Register der Schriftentwerfer **616**
Register der Foundries **619**
Register der Abbildungen **623**
Impressum **624**

8. **ca. 1968–1980**

9. **ca. 1975–1990**

INHALT

Gründerzeit und Gold Rush — *10*
Historismus

Fin de Siècle und Simplicissimus — *80*
Jugendstil und Japonismus

Kino, Jazz und Bubikopf — *146*
Art déco und Plakatstil

Tschichold und Bauhaus — *224*
Elementare Typografie und Konstruktivismus

Führerkult und Volksempfänger — *268*
Traditionsverbundene Typografie

Petticoat und Rock'n'Roll — *332*
Organisches Design und kalligrafischer Stil

Wirtschaftswunder und Mondlandung — *396*
Schweizer Typografie und Space Age

Flower Power und Revolte — *456*
Pop und Disco

Walkman, Zauberwürfel und Null Bock — *536*
Postmoderne und Punk

GRÜNDERZEIT UND GOLD RUSH

Pepperwood
Chansler, Crossgrove, Twombly
1994 | Seite 30

1830
—
1900

GRÜNDERZEIT

HISTORISMUS

JF Ringmaster
Jester Font Studio
2001 | Seite 17

Linotype Setzmaschine
aus dem Jahr 1870

1

Gründerzeit und Gold Rush
Historismus

circa 1830–1900

Das 1871 aus dem Deutsch-Französischen Krieg als Siegermacht hervorgehende Deutschland erlebt im ausgehenden 19. Jahrhundert eine neue Art des bürgerlichen Selbstbewusstseins. Es fließen hohe Reparationsleistungen ins Land, die der Wirtschaft des Deutschen Reiches einen vorher nicht gekannten Aufschwung bescheren. Mit reichem Dekor und üppiger Ornamentik repräsentiert man sich nach außen, dem Lebensstil des Adels nacheifernd, sich stilistisch vorangegangener Epochen von Romanik bis Barock bedienend. Dieser historisierende Stil findet Eingang in Architektur und Kunst, in Mode und Kunsthandwerk und spiegelt sich auch in der Typografie wider.

Prinzregententheater München,
Theaterzettel, 1846

Gründerzeit und Gold Rush
Historismus

circa 1830–1900

Thorne Shaded
Dieter Steffmann
2002 | Seite 18

Von besonderer Bedeutung ist die schon 1798 von Alois Senefelder erfundene Lithografie. Mit Hilfe des flachgeschliffenen Steins ist es nun möglich, sich frei auszudrücken – ohne Bindung an ein bestimmtes Werkzeug. Diese neu gewonnene Freiheit beflügelt zu kreativen Zier-Alphabeten und reich geschmückten Seiten, die auch Schriftsetzer mit den ihnen zur Verfügung stehenden Mitteln nachzuahmen versuchen. So werden mit Vorliebe großzügig dekorierte Schriftarten, Schmuckleisten und üppige Ornamente verwendet, die im Bleisatz zu diesem Zweck vorfabriziert wurden.

Es ist das Zeitalter der industriellen Revolution. Industrie, Städtebau, Verkehr und Konsum entwickeln sich rasant. Gleichzeitig feiert die junge Markenartikelindustrie ihren raschen Aufschwung und überschwemmt den Markt mit immer neuen Produkten, die dem Konsumenten schmackhaft gemacht werden müssen. Dies war die Geburtsstunde der Reklameindustrie. Um neben der konkurrierenden Drucksache aufzufallen, bedarf es neuer Schriften.

So entstehen zahlreiche formale Experimente auf dem Gebiet der Zierschriften. Aber auch die heute so beliebte serifenlose Schrift entsteht im 19. Jahrhundert. Der Höhepunkt der serifenbetonten Schriften liegt ebenfalls in der Epoche der Gründerzeit. Neben den sogenannten Egyptienne-Schriften entstehen Italienne und Etienne.

Kaiserzeit-Gotisch

Gebrochene Schriften

Namensgebend sind ihre »gebrochen« wirkenden Rundformen. Ob für den Mengensatz, als dekorative Zierschriften oder ornamental ausgeformte Initialen sind sie prägend für das 19. Jahrhundert.

Merkmale

Normande

Klassizistische Antiqua

Die klassizistische Antiqua zeichnet sich durch den starken Kontrast zwischen starken Grundstrichen und sehr feinen Haarlinien aus. Die Schriftachse der Rundformen steht präzise senkrecht.

Merkmale

Egyptienne

Die Egyptienne wurde als Anzeigen- und Reklameschrift aus der klassizistischen Antiqua entwickelt. Ihre Serifen sind kräftig ausgeprägt und wirken optisch fast so stark wie ihre Grundstriche.

Merkmale

PONDEROSA

Italienne

Bei der Italienne wurde das Prinzip der Serifenbetonung bis ins Extreme geführt, so dass die Serifen schließlich stärker ausgeprägt sind als die Senkrechten. Sie war vor allem in Amerika beliebt.

Merkmale

Clarendon

Etienne

Die Etienne wirkt im Vergleich zu anderen Serifenbetonten recht elegant. Da sie dennoch über stabile Serifen verfügt, empfahl sie sich besonders für den Zeitungssatz des 19. Jahrhunderts.

Merkmale

Poplar

Serifenlose Schriften

Auch die serifenlose Schrift entstand im 19. Jahrhundert. Sie wurde von der klassizistischen Antiqua abgeleitet und hauptsächlich in fetten Graden und Versalien gesetzt.

Merkmale

Commercial Script

Gravur-Schriften

Ihre Form ergibt sich aus der Technik des Gravierens. Hauptsächlich Schreibschriften, aber auch Versal-Alphabete, die von der Antiqua abgeleitet sind, haben es ins digitale Zeitalter geschafft.

Merkmale

MADAME

Dekorative Zierschriften

Während des 19. Jahrhunderts entstehen viele durch die Lithografie ins Interesse gerückte Zier-Alphabete, deren Aufgabe eher Dekoration als Lesbarkeit ist. Sie sind oft plastisch ausgeformt.

Merkmale

Merkmale

zum Beispiel:
Kaiserzeit-Gotisch
Dieter Steffmann
2001 | Seite 49

zum Beispiel:
Normande BT
H. Berthold
1860 | Seite 19

zum Beispiel:
Egyptienttoz
Bumbayo Font Fabrik
2005 | Seite 44

zum Beispiel:
Ponderosa
Chansler, Crossgrove
Twombly
1990 | Seite 76

zum Beispiel:
Clarendon BT Black
H. Eidenbenz
1953 | Seite 79

zum Beispiel:
Poplar
Barbara Lind
1990 | Seite 34

zum Beispiel:
Commercial Script
Morris Fuller Benton
1908 | Seite 52

zum Beispiel:
Madame
J. Gillé
1820 | Seite 27

Schriftarten

Neben Antiqua- und Frakturschriften verwendet man insbesondere klassizistische Antiqua (extrafett und ultracondensed), Egyptienne, Italienne und Etienne, Schreib- und Gravurschriften, kalligrafische Schriften, Groteskschriften (in Versalsatz), dekorative Zierschriften (amerikanische Zierschriften) und plastische Schriftarten.

Schriftmischung/Satz

Viele Schriftarten werden miteinander gemischt. Auch die Schriftgrade wechseln häufig. Oft verwendet man sogar für jede Zeile eine neue Schriftart und einen anderen Schriftgrad.

Hauptsächlich wird auf Mittelachse gesetzt. Daneben kommen Schräg, Rund- und Bogensatz zum Einsatz. Für diese Zeilen greift man dann gerne zu dekorativen Schnitten.

Ornamente

Historisierende Ornamente, Rahmenschmuck und dekorative Linien sind äußerst beliebt. Üppige Illustrationen sind ebenfalls in Mode.

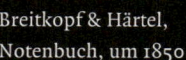

Breitkopf & Härtel,
Notenbuch, um 1850

HISTORISMUS

JF RINGMASTER

DICKE BERTA

75 Punkt

ABCDEFG
HIJKLM
NOPQRST
UVWXYZ
1234567890
.,&!?$:;"

45 Punkt

JF Ringmaster
Jester Font Studio, 2001
www.dafont.com

GRÜNDERZEIT UND GOLD RUSH

THORNE SHADED

ENGRAVED
PROBABLY
ABOUT 1810

15 / 30 Punkt

ABCD
EFGHIJK
LMNOP
QRSTUVW
XYZ
123&456
7890

30 Punkt

Thorne Shaded
Dieter Steffmann, 2002
Robert Thorne, um 1830
www.steffmann.de

☞ CD

NORMANDE BT

Jedermann kann fahren ohne gelernt zu haben in dem auf dem Schaubudenplatze neu konstruierten Amerikanischen Velocipéde-Circus

15 Punkt

ABCDEFGHI
JKLMNOPQRST
UVWXYZ
abcdefghijklm
nopqrstuvwxyzäöü
1234567890
([„&fiflß!?$£§†"])

36 Punkt

Normande BT
H. Berthold, 1860
www.bertholdtypes.com

GRÜNDERZEIT UND GOLD RUSH

BROADCAST TITLING

TOUR

115 Punkt

A B C D E F G
H I J K L M
N O P Q R S T
U V W X Y Z
1 2 3 4 5 6 7 8 9 0
Ä Ö Ü & ! ? = :

55 Punkt

Broadcast Titling
Dieter Steffmann, 2000
Fonderie Deberny Peignot, um 1830
www.steffmann.de

»Lungfish Spring Tour«, Plakat,
Jason Munn, 2003

OUTLAW

RANGE

170 Punkt

ABCDEFG
HIJKLM
NOPQRST
UVWXYZ
1234567890
(ÄÖÜ&!?$£)

55 Punkt

Outlaw
Billy Argel, 2008
www.dafont.com

HISTORISMUS

JF SPRING FAIR

GOLD
FIEBER

70 Punkt

ABCD
EFGHIJK
LMNOP
QRSTUV
WXYZ

50 Punkt

JF Spring Fair
Jester Font Studio, 2000
www.dafont.com

CD

23

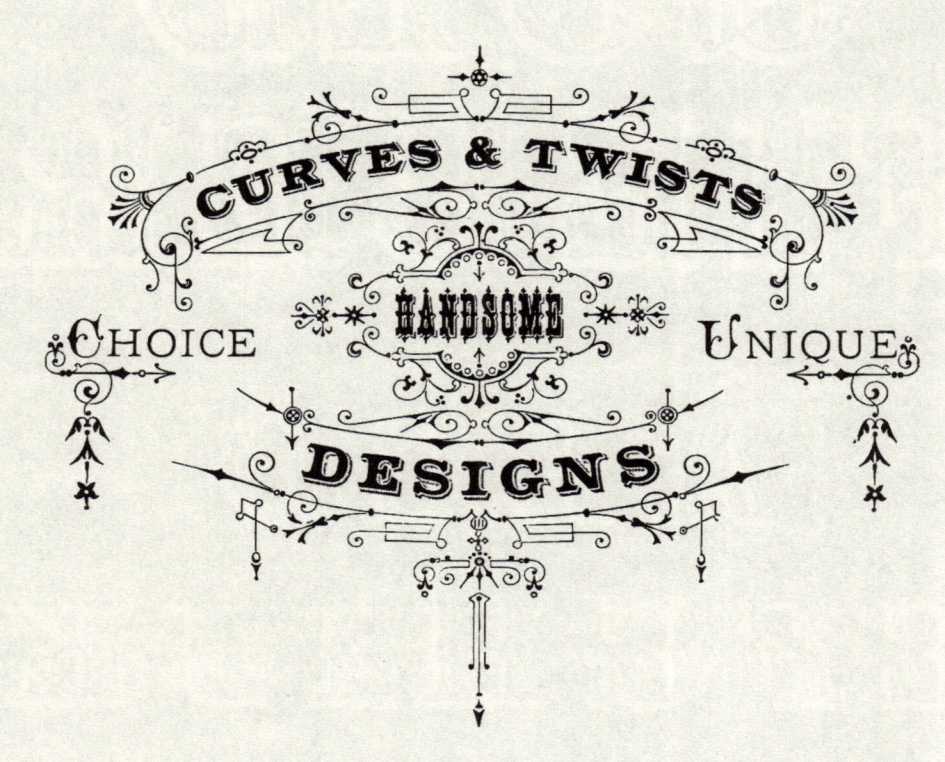

Geschäftskarte,
D. & G. Bruce, 1813

SHADOWED SERIF

BREAK

75 Punkt

ABCDEFG
HIJKLM
NOPQRST
UVWXYZ
123456
7890

45 Punkt

Shadowed Serif
James Fordyce, 1994
www.dafont.com

VERZIERTE MUSIRTE GOTISCH

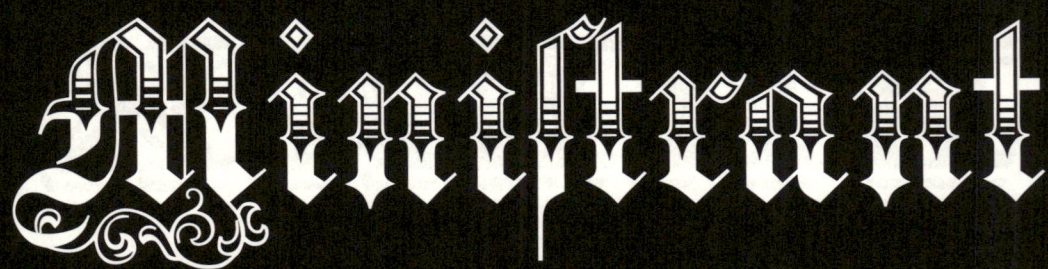

95 Punkt

39 Punkt

Verzierte Musirte Gotisch
Gerhard Helzel, 2002
Gießerei Flinsch, circa 1870
www.romana-hamburg.de

HISTORISMUS

MADAME

DIRNE

100 Punkt

ABCDEFG
HIJKLM
NOPQRST
UVWXYZ
1234567890
(&!?\$£€@:;)

50 Punkt

Madame
J. Gillé, 1820
www.linotype.com

GRÜNDERZEIT UND GOLD RUSH

MESQUITE

CIRCUS

170 Punkt

ABCDEFGHIJKLM
NOPQRSTUVWXYZ
ÄÖÜ1234567890
(&!?$£€§†:;)

60 Punkt

Mesquite
Joy Redick, 1990
www.adobe.com/type

»Barbez and the Beat Circus«,
Plakat, Lure Design, um 2000

PEPPERWOOD

SATTEL

200 Punkt

A B C D E F G H I J
K L M N O P Q R S T
U V W X Y Z Ä Ö Ü
1 2 3 4 5 6 7 8 9 0
([„ & ! ? $ £ € : ; * "])

65 Punkt

Pepperwood
Kim Buker Chansler, Carl Crossgrove,
Carol Twombly, 1994
www.adobe.com/type

ZEBRAWOOD

CLOWN

110 Punkt

ABCDEFG
HIJKLM
NOPQRST
UVWXYZ
1234567890
(ÄÖÜ&!?$£)

55 Punkt

Zebrawood
Kim Buker Chansler, Carl Crossgrove,
Carol Twombly, 1994
www.adobe.com/type

Mustersatz,
John T. White, 1843

JF FERRULE

SALOON

65 Punkt

ABCDEFGHI
JKLMNOPQR
STUVWXYZ

ABCDEFGHI
JKLMNOPQR
STUVW
XYZ

32 Punkt

JF Ferrule
Jester Font Studio, 2000
www.dafont.com

GRÜNDERZEIT UND GOLD RUSH

POPLAR

Gesucht!

100 Punkt

ABCDEFGHIJKLM
NOPQRSTUVWXYZ
abcdefghijklm
nopqrstuvwxyzäöü
1234567890
([&fiflß!?$£€§†])

45 Punkt

Poplar
Barbara Lind, 1990
www.adobe.com/type

SANS SERIF SHADED

WOOD
TYPE

80 Punkt

A B C D E F G
H I J K L M
N O P Q R S T
U V W X Y Z
1 2 3 4 5 6 7 8 9 0
! ? £ ; ;

45 Punkt

Sans Serif Shaded
Dieter Steffmann, 2002
Stephenson Blake & Co. Ltd., um 1830
www.steffmann.de

FT ROSECUBE

KOCHBUCH

90 Punkt

ABCDEFG
HIJKLM
NOPQRST
UVWXYZ
1234567890
(ÄÖ&!?:;)

60 Punkt

»Balthazar«, Kochbuch,
Mucca Design, um 2000

CAST IRON

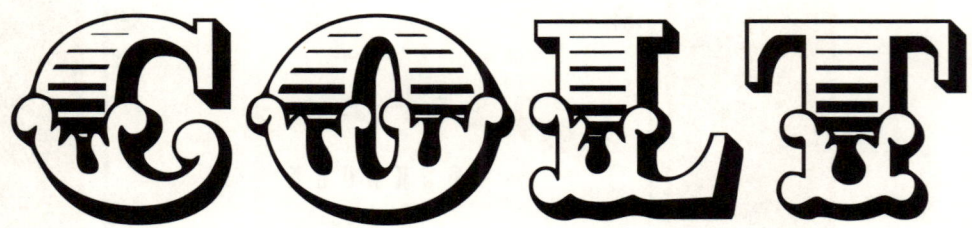

90 Punkt

42 Punkt

Cast Iron
West Wind Fonts, 2001
www.moorstation.org/typoasis/designers/westwind

CARDIFF

140 Punkt

A B C D
E F G H I J K L
M N O P Q
R S T U V W
X Y Z

56 Punkt

Cardiff
Dieter Steffmann, 2000
www.steffmann.de

Tierpark-Aktie,
C. Knautz'sche Druckerei, 1872

CIRCUS ORNATE

75 Punkt

32 Punkt

ROSEWOOD

POKER

120 Punkt

ABCDEFG
HIJKLM
NOPQRST
UVWXYZ
1234567890
(ÄÖÜ&!?$£)

55 Punkt

Rosewood
Kim Buker Chansler, Carl Crossgrove,
Carol Twombly, 1994
www.adobe.com/type

COTTONWOOD

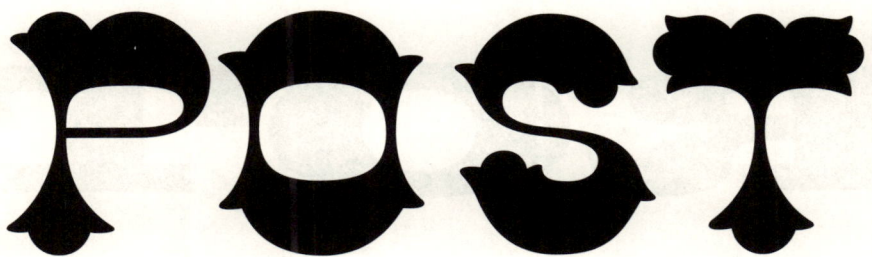

125 Punkt

ABCDEFG
HIJKLM
NOPQRST
UVWXYZ
1234567890
(ÄÖÜ&!?$£)

45 Punkt

Cottonwood
Kim Buker Chansler, Carl Crossgrove,
Carol Twombly, 1994
www.adobe.com/type

GRÜNDERZEIT UND GOLD RUSH

EGYPTIENTTO2

ROT

65 Punkt

ABCDEFGHI
JKLMNOPQR
STUVWXYZ
abcdefghijklm
nopqrstuvwxyz
1234567890
"&!?$:;-

20 Punkt

Egyptientto2
Bumbayo Font Fabrik, 2005
bumbayo.extra.hu

CD

»Binifadet«, Weinetikett,
Estudi Duró, 2003

GRÜNDERZEIT UND GOLD RUSH

POSTOFFICE

Steam

80 Punkt

ABCDEFGHI
JKLMNOPQR
STUVWXYZ
abcdefghijklm
nopqrstuvwxyz
1234567890äöü
([„&ß!?$£§†:;*"])

30 Punkt

Postoffice
2004
www.dafont.com

WOODCUT

LOK

110 Punkt

ABCDEFGHI
JKLMNOPQRST
UVWXYZ

ABCDEFGHIJKLM
NOPQRSTUVWXYZ
1234567890
(,&!?$£€:;')

27 Punkt

Woodcut
2005
www.dafont.com

GRUSSKARTEN-GOTISCH

Wir leben, das ist weltbekannt,
Im neunzehnten Jahrhundert.
Wo jeder Tag was neues bringt,
Das Jedermann bewundert.

30 Punkt

ABCDEFGHI
JKLMNOPQRST
UVWXYZ

abcdefghijklm
nopqrsftuvwxyzäöü
1234567890
(„&fifl!?$€†:;*")

40 Punkt

Grusskarten-Gotisch
Dieter Steffmann, 2001
www.steffmann.de

KAISERZEIT-GOTISCH

Kaiser Wilhelm

63 / 100 Punkt

A B C D E F G H I
J K L M N O P Q R S T
U V W X Y Z
a b c d e f g h i j k l m
n o p q r s ſ t u v w x y z
ä ö ü 1 2 3 4 5 6 7 8 9 0
(„ ß ff fi ! ? § € † . , : ; * ")

42 Punkt

Kaiserzeit-Gotisch
Dieter Steffmann, 2001
Otto Weisert, circa 1900
www.steffmann.de

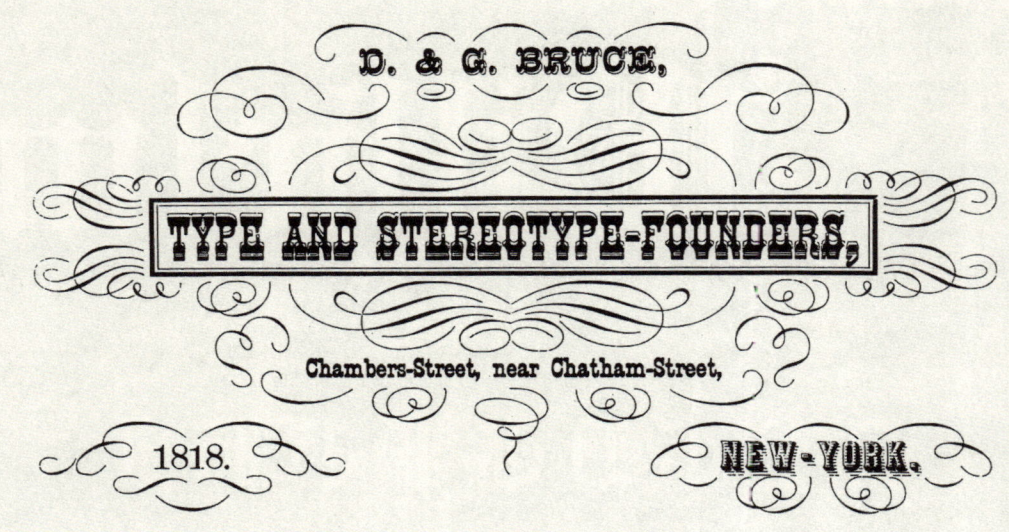

Geschäftskarte,
D. & G. Bruce, 1818

PLAYBILL

Sheriff

180 Punkt

ABCDEFGHIJKLM
NOPQRSTUVWXYZ
abcdefghijklm
nopqrstuvwxyzäöü
1234567890
([„&ß!?$£§"])

55 Punkt

Playbill
Robert Harling, 1934
www.linotype.com

COMMERCIAL SCRIPT

Original

130 Punkt

A B C D E F G H I
J K L M N O P Q R
S T U V W X Y Z
a b c d e f g h i j k l m
n o p q r s t u v w x y z ä ö ü
1 2 3 4 5 6 7 8 9 0
(" ß ! ? $ £ : ; * ")

40 Punkt

Commercial Script
Morris Fuller Benton, 1908
www.linotype.com

ENGRAVERS GOTHIC

BANK NOTE

120 Punkt

ABCDEFGHI
JKLMNOPQR
STUVWXYZ

ABCDEFGHIJKLM
NOPQRSTUVWXYZÄÖÜ
1234567890
(["&!?$£§†:;*"])

35 Punkt

Engravers Gothic
Bitstream, 1990
www.bitstream.com

BICKHAM SCRIPT

83 Punkt

A B C D E F G H I
J K L M N O P Q R S T
U V W X Y Z
a b c d e f g h i j k l m
n o p q r s t u v w x y z ä ö ü
1 2 3 4 5 6 7 8 9 0 ([& ß ! ? § † /)

50 Punkt

Bickham Script
Richard Lipton, 2000
www.adobe.com/type

»Perfume«, Buchcover, John Gall,
Gabriele Wilson, um 2000

GRÜNDERZEIT UND GOLD RUSH

ENGRAVERS ROMAN

GRAVUR

95 Punkt

ABCDEFGHI
JKLMNOPQR
STUVWXYZ
ABCDEFGHIJKLM
NOPQRSTUVWXYZ
1234567890ÄÖÜ
(["&!?$£§†:;*"])

40 Punkt

Engravers Roman
Bitstream, 1990
www.bitstream.com

ENGLISH SCRIPT (100) BOLD

Einladung

90 Punkt

A B C D E F G H I
J K L M N O P Q R
S T U V W X Y Z
a b c d e f g h i j k l m
n o p q r s t u v w x y z ä ö ü
1 2 3 4 5 6 7 8 9 0
([" & ß ! ? $ £ : ; * "])

35 Punkt

English Script (100) Bold
Linotype, 2006
www.linotype.com

LARGE AUCTION SALE.

Thursday, July 14.

WILL be sold at the Auction Store, by order of the mortgagee of a bankrupt, a large lot of

TABLE CUTLERY, GLASS LAMPS, CROCKERY, CHINA, BRITANNIA WARE, &c.

150 sets fine table and tea Knives and Forks, 14 sets of Carvers, butchers and bread Knives, 100 pair glass Lamps 120 Waiters, 50 pair Britannia Lamps, Britannia Tea and Coffee Pots, 3 doz. printed and painted Chambers, 20 doz. vegetable Dishes, 22 doz. Bakers, 30 doz. printed Plates, 68 Bowls and Pitchers, 20 doz. Coffee and Tea Sets, 100 printed Pitchers, 6 China Tea Sets.

Also, 15 patent Matrasses.

Sales commence at 9 o'clock, A. M. *Every article must be sold.*

B. & W. HUDSON, Auct'rs.

If the weather is stormy sale first fair day after.

THE MARTHA WASHINGTON TEMPERANCE FAIR,

AT UNION HALL:

Will be continued THIS afternoon and evening, and to-morrow, and will be terminated tomorrow evening.

This Evening the **GLEE CLUB,**

Will sing several *Glees, Songs, &c.* Admittance 12½ cents.

October 6th, 1842.

B. & W. Hudson, Plakat,
Harold Thompson, 1842

PAISLEY CAPS

120 Punkt

ABCD
EFGHIJK
LMNOP
QRSTUV
WXYZ
1234567890

51 Punkt

Paisley Caps
House of Lime, 2000
www.dafont.com

COPPERPLATE

Entree für erwachsene
6 KREUZER
kinder und militär die hälfte,
wo jeder besucher eine
fahrt frei hat.

20 / 50 Punkt

ABCDEFGHI
JKLMNOPQR
STUVWXYZÄÖÜ
ABCDEFGHIJKLM
NOPQRSTUVWXYZ
1234567890
([„&!?$£€§†*"])

45 Punkt

Copperplate
F. W. Goudy, C. C. Marder, 1901
www.adobe.com /type

HOMINIS

EISENBAHN

50 Punkt

ABCDEFG
HIJKLM
NOPQRST
UVWXYZ
1234567890
("&!?:;')

40 Punkt

Hominis
Paul Lloyd, 1997
www.moorstation.org/typoasis/designers/lloyd

LETTRES OMBRÉES ORNÉES

90 Punkt

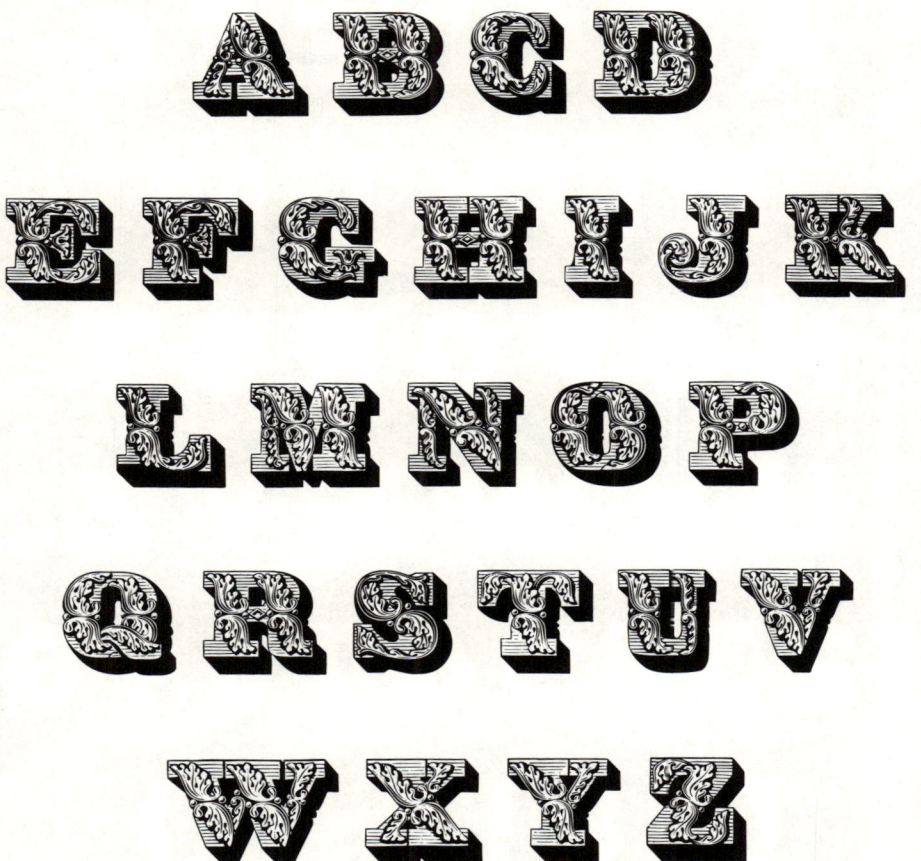

50 Punkt

Lettres Ombrées Ornées
Dieter Steffmann, 2002
J. Gillié, 1820
www.steffmann.de

☞ CD

»Pedro the Lion«, Plakat,
Jason Munn, um 2000

DAMPFPLATZ SHADOW

Black Letter Engraved

30 / 85 Punkt

A B C D E F G H I
J K L M N O P Q R S T
U V W X Y Z
a b c d e f g h i j k l m
n o p q r s ſ t u v w x y z
1 2 3 4 5 6 7 8 9 0
" ' & ch ck ſch ß ? ! : ; ' "

40 Punkt

Dampfplatz Shadow
Paul Lloyd, 2002
www.moorstation.org/typoasis/designers/lloyd

CD

ENGRAVIER INITIALS

100 Punkt

ABCDEF
GHIJKLM
NOPQRS
TUVW
XYZ

36 Punkt

Engravier Initials
Paul Lloyd, 1999
www.moorstation.org/typoasis/designers/lloyd

PLASTISCHE PLAKAT-ANTIQUA

NON PLUS ULTRA

40 / 120 Punkt

ABCDEFG
HIJKLM
NOPQRST
UVWXYZ
1234567890

55 Punkt

Plastische Plakat-Antiqua
Dieter Steffmann, 2002
Gille Fils, 1828
www.steffmann.de

ENGE HOLZSCHRIFT SHADOW

Noch nie dagewesen!

60 Punkt

ABCDEFGHIJKLM
NOPQRSTUVWXYZ
ABCDEFGHIJKLM
NOPQRSTUVWXYZ
1234567890
(„&!?$£§†:,;*")

50 Punkt

Enge Holzschrift Shadow
Dieter Steffmann, 2000
www.steffmann.de

MODERNE KIRCHEN-GOTISCH

50 / 100 Punkt

A B C D E F G H I
J K L M N O P Q R S T
U V W X Y Z

a b c d e f g h h i j k l m m
n n o p q r ſ s t u v w x y z

ä ö 1 2 3 4 5 6 7 8 9 0

(„ ß ch ck ff tz ß ! ? : ; ")

35 Punkt

Moderne Kirchen-Gotisch
Gerhard Helzel, circa 1880
www.romana-hamburg.de

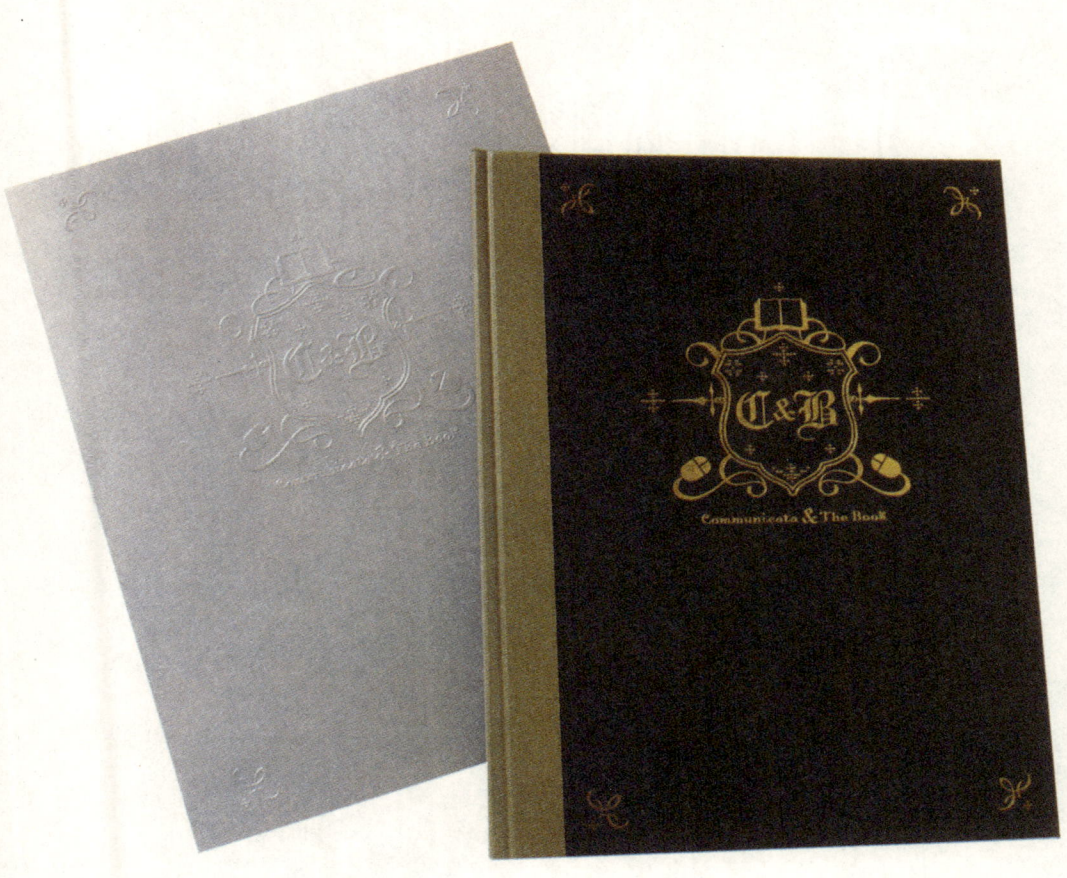

»Communicata & The Book«,
Buchcover, Lindsey Gice, 2006

GRÜNDERZEIT UND GOLD RUSH

DEUTSCHE ZIERSCHRIFT

Industrie

90 Punkt

ABCDEFGHI
JKLMNOPQRST
UVWXYZ
abcdefghijklm
nopqrsſtuvwxyzäöü
1234567890
(&ﬀﬁﬂﬃﬄﬅﬆch ck ?!:;)

35 Punkt

Deutsche Zierschrift
Dieter Steffmann, 2002
Rudolf Koch, Gebr. Klingspor, 1919
www.steffmann.de

CD

SARABAND INITIALS & LETTERING

80 Punkt

35 Punkt

Saraband Initials & Lettering
Paul Lloyd, 2002
www.moorstation.org/typoasis/designers/lloyd

EGYPTIAN (100) BOLD CONDENSED

Brandzeichen

80 Punkt

ABCDEFGHIJKLM
NOPQRSTUVWXYZ
abcdefghijklm
nopqrstuvwxyzäöü
1234567890
(&ß!?$£€@:;*)

45 Punkt

Egyptian (100) Bold Condensed
Tetterode Foundry, um 1820
www.linotype.com

SANS THIRTEEN BLACK

Lederware

80 Punkt

ABCDEFGHIJKLM
NOPQRSTUVWXYZ
abcdefghijklm
nopqrstuvwxyzäöü
1234567890
(&fiß!?$£€§†:;*)

45 Punkt

Sans Thirteen Black
Manfred Klein, 2006
www.moorstation.org/typoasis/designers/klein

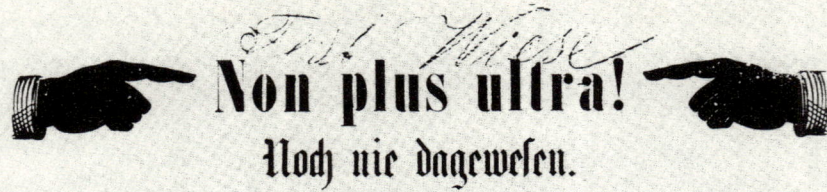

Oktoberfestplakat, 1881

THOROWGOOD

Festwiese

70 Punkt

ABCDEFGHI
JKLMNOPQRST
UVWXYZ
abcdefghijklm
nopqrstuvwxyz
1234567890
(äöü&ß!?$£:;)

40 Punkt

Thorowgood
William Thorowgood, 1836
www.linotype.com

PONDEROSA

SCHWERVERBRECHER

200 Punkt

A B C D E F G H I J K L M
N O P Q R S T U V W X Y Z Ä Ö
1 2 3 4 5 6 7 8 9 0
([„ & ! ? $ £ : ; * "])

76 Punkt

Ponderosa
Kim Buker Chansler, Carl Crossgrove,
Carol Twombly, 1990
www.adobe.com/type

»Eleven Productions«, Plakat,
Brady Vest, 2006

FETTE EGYPTIENNE

Wanted

75 Punkt

ABCDEFGHI
JKLMNOPQR
STUVWXYZ
abcdefghijklm
nopqrstuvwxyz
1234567890äöü
([„&ß!?$£§†:;*"])

32 Punkt

Fette Egyptienne
Dieter Steffmann, 2001
www.steffmann.de

CLARENDON BT BLACK

D'rum kommt herbei und säumet nicht
Und achtet auf die Hunde,
Denn leicht Malheur für diese ist
Das Jagen in die Runde.

18 Punkt

ABCDEFGHI
JKLMNOPQRST
UVWXYZ
abcdefghijklm
nopqrstuvwxyz
1234567890
(äöü&fiflß!?$£)

36 Punkt

Clarendon BT Black
H. Eidenbenz, 1953
www.bitstream.com

JUG END STIL

Art Nouveau

1890 — 1918

Eckmann
Otto Eckmann
1900 | Seite 90

Reynold Art Deco
Dieter Steffmann
2000 | Seite 137

Ira Rubel neben seiner indirekt arbeitenden Offsetdruck-Maschine aus dem Jahr 1904

2

Fin de Siècle und Simplicissimus
Jugendstil und Japonismus

circa 1890–1918

Das Deutsche Kaiserreich steht an der Schwelle zum 20. Jahrhundert. Der Fortschritt rangiert technologisch, naturwissenschaftlich und industriell an erster Stelle und ebnet, unter seinem neuen Kaiser Wilhelm II., den Weg über Aufrüstung und militärischen Prunk hin zur Kolonialisierung. Im Kunstgewerbe entwickelt sich nun eine Bewegung, die neue Gestaltungsprinzipien verlangt und die Werke des Historismus abzulehnen beginnt. Der Jugendstil fordert eine Reform des Kunsthandwerks unter völligem Verzicht auf historische Stile. Die Form solle sich rein aus dem Zweck, der Entstehungsweise oder dem Material ergeben und sich in ein harmonisches Ganzes mit den Formen des modernen Lebens fügen.

»Die Kunst für Alle«,
Zeitschriftencover,
F. Bruckmann A.-G., 1904

Fin de Siècle und Simplicissimus
Jugendstil und Japonismus

circa 1890–1918

Arnold Böcklin
Arnold Böcklin
1904 | Seite 88

Die Schriftgestaltung selbst geht nun vornehmlich von Malern und Architekten aus. So entfalten sich, unbeeindruckt von Fachkenntnis und Ausbildung, neue Schriftformen. Gegenüber den historisierenden Schriften der Gründerzeit stellen die Fraktur-Varianten – ein formal hybrides Zusammenspiel aus Antiqua und Fraktur – etwas grundsätzlich Neues dar. Sie sind eindeutig dem Jugendstil verhaftet, lassen jedoch durch ihr kantiges und dunkles Schriftbild ihre Verwandtschaft zur Fraktur nicht im Unklaren.

Neben zahlreichen Antiqua-Varianten, die sich oft an mit dem Pinsel geschriebenen Schriften orientieren, bringt der Jugendstil auch serifenlose Handschriften hervor, die offensichtlich geometrischen Überlegungen folgen. Eigenwillige, blockartige Beschriftungen, deren Buchstaben an einer quadratischen oder rechteckigen Grundfläche ausgerichtet sind. Mit ihnen werden wieder Quadrate oder Rechtecke ausgeschrieben und so ein gitterartiger, geometrischer Satz erzeugt.

Völlig frei, sehr flächig und experimentell sind die Ornamentalschriften des Jugendstils. Sie nehmen Bezug auf Illustrationen oder Ornamente, werden aus Ornamenten heraus oder als Ornament entworfen. In der Plakatkunst ist vor allem die Einbindung der Schrift in das plakative Gesamtgeschehen bemerkenswert. Bild und Schrift gehen eine Verbindung ein und werden zu einer kompositorischen Einheit.

FIN DE SIÈCLE UND SIMPLICISSIMUS

Schriften

Behrens-Schrift

Fraktur-Varianten

Eindeutig dem Jugendstil verhaftet sind jene Fraktur-Varianten, die eine Hybridform aus Fraktur und Antiqua darstellen. Ihre schwungvolle, kräftige Form war für Akzidenzen sehr beliebt.

Merkmale

ART NOUVEAU

Ornamentalschriften

Eher als Ornament – oder anders herum: aus Ornamenten heraus – wurden die Ornamentalschriften um die Jahrhundertwende entworfen. Ihre Formen ergaben sich oft aus dem Kontext, der sie umgab.

Merkmale

Hobo

Plakatschriften

Für Anzeigen, Ladenbeschriftungen und Plakate wurden Schriftformen verwendet, die besser lesbar sind als die dekorativen Ornamentalschriften. Formal sind sie dennoch Zeugen ihrer Zeit.

Merkmale

Auriol

Pinselschriften

Die Grundformen an der Antiqua orientiert, holen sich die Pinselschriften des Jugendstils ihre Inspiration auch mal aus der japanischen Kalligrafie. Ihr Duktus bleibt dem Pinsel verpflichtet.

Merkmale

ADRESACK

Serifenlose Handschriften

Die Buchstaben der eigenwilligen, serifenlosen Handschriften sind an quadratischen oder rechteckigen Grundflächen ausgerichtet. Die Mittellinie ist oft extrem weit nach oben oder unten versetzt.

Merkmale

Merkmale

zum Beispiel:
Adresack
David Nalle
1993 | Seite 97

zum Beispiel:
Auriol
Georges Auriol
1901 | Seite 118

zum Beispiel:
Hobo
Morris Fuller Benton
1910 | Seite 103

zum Beispiel:
Art Nouveau Caps
Dieter Steffmann
1999 | Seite 89

zum Beispiel:
Behrens-Schrift
Dieter Steffmann
2002 | Seite 113

Schriften
Für Titelseiten, Umschläge und ähnliche Anwendungen kommen die Neuschöpfungen der Zeit, die Fraktur-Varianten, Antiqua-Varianten, Handschriften und Ornamentalschriften im Geiste des Jugendstils zum Einsatz. Im Mengensatz finden sowohl Antiqua- als auch Frakturschriften Verwendung.

Wortbilder/Satz
Wortbilder werden mit den neuen Schriften sehr eng und in Versalien gesetzt. Um dennoch ein ausgewogenes Schriftbild zu erreichen, setzen Typografen und Schriftmaler ausgefallene Ligaturen ein oder gestalten einzelne Buchstaben so, dass sie sich dem Wortbild anpassen.

Im Layout ist Blocksatz beliebt. Den Text teilt man in Gruppen auf, die jeweils auf Block gesetzt sind. Diese Gruppen werden dann wiederum auf Mittelachse gestellt. Illustrationen oder schmückendes Beiwerk werden oft mit Rahmen versehen, die dann ebenfalls zentriert eingebunden werden.

Ornamente
Auf der Suche nach unverbrauchten Motiven findet man reichlich Inspiration in der Natur: Seerosen, Efeublätter und Lilien finden sich bald als stilisierte Motive in den Händen der Setzer wieder. Die Linie erfreut sich besonderer Anerkennung und schlängelt sich organisch-lebendig als schmückende Zutat auf Buchseiten und Geschäftskarten. Florale Rahmen oder stilisierte Pflanzen umschließen Textspalten und Satzspiegel. Initialen, zu der Schrift passend, gerne im Rahmen oder von Ornamenten umspielt, gehen dem Text voraus.

Pariser Metropolitain, um 1900
Hector Guimard gestaltete die
Schrift für die Eingänge

JUGENDSTIL UND JAPONISMUS

METROPOLITAINES

METRO

120 Punkt

ABCDEFGH
IJKLMNOPQR
STUVWXYZ
1234567890
ÄÖÜ&!?$€@:;

55 Punkt

Metropolitaines
Hector Guimard, circa 1905
www.linotype.com

ARNOLD BÖCKLIN

Volksbad

90 Punkt

ABCDEFGHI
JKLMNOPQRST
UVWXYZ
abcdefghijklm
nopqrstuvwxyz
äöü1234567890
(„&fiflß!?$€§*:;)

40 Punkt

Arnold Böcklin
Arnold Böcklin, 1904
www.adobe.com/type

ART NOUVEAU CAPS

KRAFT
LINIE

30 / 110 Punkt

ABCD
EFGHIJK
LMNOP
QRSTUVW
XYZ
1234567890
ÄÖÜ(!?)

40 Punkt

Art Nouveau Caps
Dieter Steffmann, 1999
www.steffmann.de

ECKMANN

Unter dem allerhöchsten Protectorate
der königlichen Hoheit des Großherzogs
von Hessen ein Dokument
Deutscher Kunst

25 Punkt

ABCDEFGHJ
JKLMNOPQR
STUVWXYZ
abcdefghijklm
nopqrstuvwxyzäöü
1234567890
(„&ß!?$€@:;")

43 Punkt

Eckmann
Otto Eckmann, 1900
www.fonts4ever.com

AUGSBURGER SCHRIFT

Augusta Vindelicum

55 Punkt

ABCDEFGHI
JKLMNOPQRST
UVWXYZ
abcdefghijklm
nopqrsſtuvwxyzäöü
1234567890
ßßNº 🦢 ⚤ !?$@

38 Punkt

Augsburger Schrift
HiH, nach einer Vorlage von 1902
www.hihretro.com

FIN DE SIÈCLE UND SIMPLICISSIMUS

RENNIE MACKINTOSH

SCHOKOLADE

85 Punkt

ABCDEFGHIJKLM
NOPQRSTUVWXYZ
ABCDEFGHIJKLM
NOPQRSTUVWXYZ
ÄÖÜ1234567890
(&&ßtt!?$£€:;)

50 Punkt

Rennie Macintosh
Phill Grimshaw, 1996
nach Charles Rennie Mackintosh
www.linotype.com

Moser-Roth,
Schokoladen-Verpackung, um 2000

HOHENZOLLERN

DIE Herausgeber halten es an dieser Stelle nicht für angebracht, ein Langes und Breites über das vorzubringen, was sie im Rahmen des vorliegenden Heftes alles bieten und erreichen wollen.

18 Punkt

ABCDEFGHI
JKLMNOPQRST
UVWXYZ
abcdefghijklm
nopqrsſtuvwxyzäöü
1234567890
(„&ſtchckßß!?")

40 Punkt

Hohenzollern
Petra Heidorn, 2004
Bauersche Gießerei, 1902
www.moorstation.org/typoasis/blackletter

ROLAND

Die Insel

90 Punkt

ABCDEFGHI
JKLMNOPQRST
UVWXYZ
abcdefghijklm
nopqrstuvwxyzäöü
1234567890
(„&ﬁß!?§†")

35 Punkt

Roland
Dieter Steffmann, 2000
www.steffmann.de

»Darmstadt Künstler-Kolonie«,
Plakat, Josef Maria Olbrich, 1901

JUGENDSTIL UND JAPONISMUS

ADRESACK

KOLONIE

140 Punkt

ABCDEFGHIJKLM
NOPQRSTUVWXYZ

abcdefghijklm
nopqrstuvwxyz

1234567890

("!?.:;*')

45 Punkt

Adresack
David Nalle, 1993
www.fontcraft.com

VOLUTE

SIMPLE

90 Punkt

ABCDEFGHI JKLMNOPQRST UVWXYZ

1234567890

(„&!?$£@:;")

42 Punkt

Volute
Dieter Steffmann, 1999
www.steffmann.de

CAMPANILE

CAFÉ

150 Punkt

ABCDEFGHI
JKLMNOPQRST
UVWXYZ

abcdefghijklm
nopqrstuvwxyzäöü
1234567890
(&fi!?$£§ſ)

38 Punkt

Künstler-Vignetten,
Schriftmusterbuch der
D. Stempel AG, um 1900

JUGENDSTIL UND JAPONISMUS

INITIALS WITH CURLS

RAT

160 Punkt

ABCD
EFGHIJK
LMNOP
QRSTUVW
XYZ

60 Punkt

Initials with Curls
dnor, 2007
www.dafont.com

FIN DE SIÈCLE UND SIMPLICISSIMUS

HEROLD REKLAMESCHRIFT

Reklame

170 Punkt

ABCDEFGHIJKLM
NOPQRSTUVWXYZ
abcdefghijklm
nopqrstuvwxyz
äöü1234567890
("&ß!?$£§:;")

50 Punkt

Herold Reklameschrift
Dieter Steffmann, 2002
Heinz Hoffmann, 1904
www.steffmann.de

HOBO

Der liebe Augustin

50 / 85 Punkt

ABCDEFGHI
JKLMNOPQRST
UVWXYZ
abcdefghijklm
nopqrstuvwxyzäöü
1234567890
(„ & fi fl ! ? $ £ * ")

35 Punkt

Hobo
Morris Fuller Benton, 1910
www.adobe.com/type

»Ver Sacrum«, Plakat,
Koloman Moser, 1902

KRAMER

VER SACRUM

85 Punkt

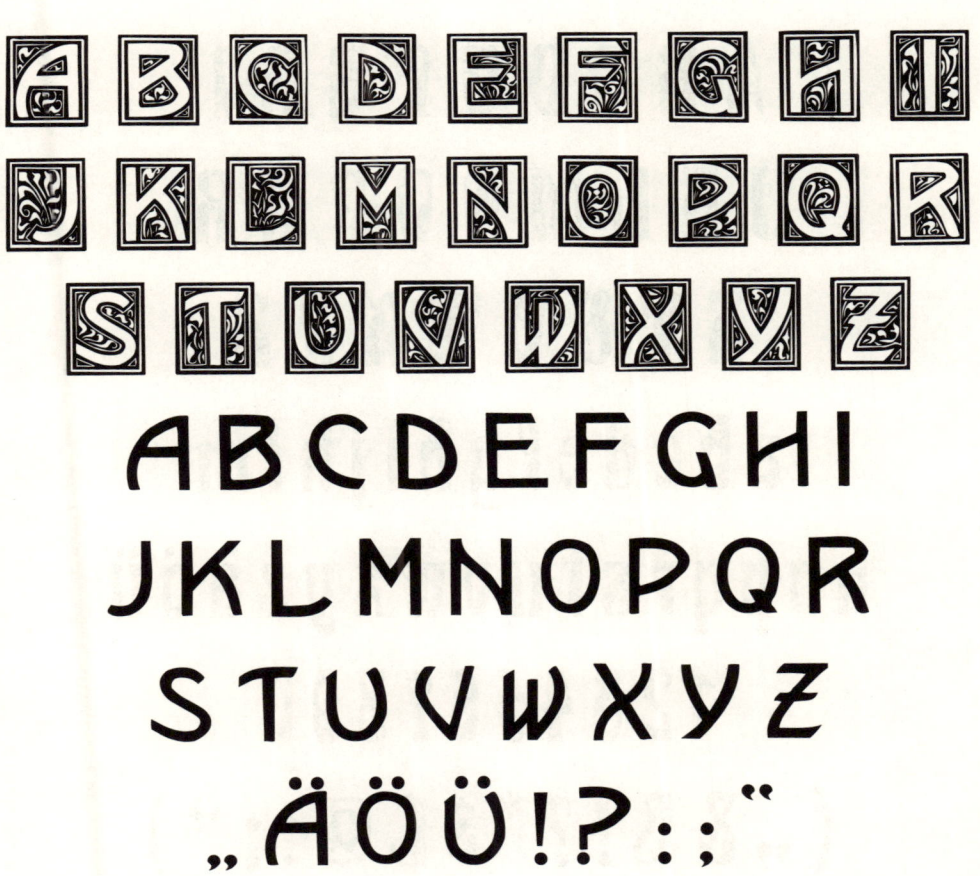

```
ABCDEFGHI
JKLMNOPQR
STUVWXYZ
„ÄÖÜ!?:;"
```

43 Punkt

Kramer
Dieter Steffmann, 2003
www.steffmann.de

EPOQUE

Rendezvous

110 Punkt

ABCDEFGHI
JKLMNOPQR
STUVWXYZ
abcdefghijklm
nopqrstuvwxyzäöü
1234567890
(„&ß!?*$£@:;")

40 Punkt

Epoque
Dieter Steffmann, 1999
www.steffmann.de

☞ CD

CARRICK CAPS

110 Punkt

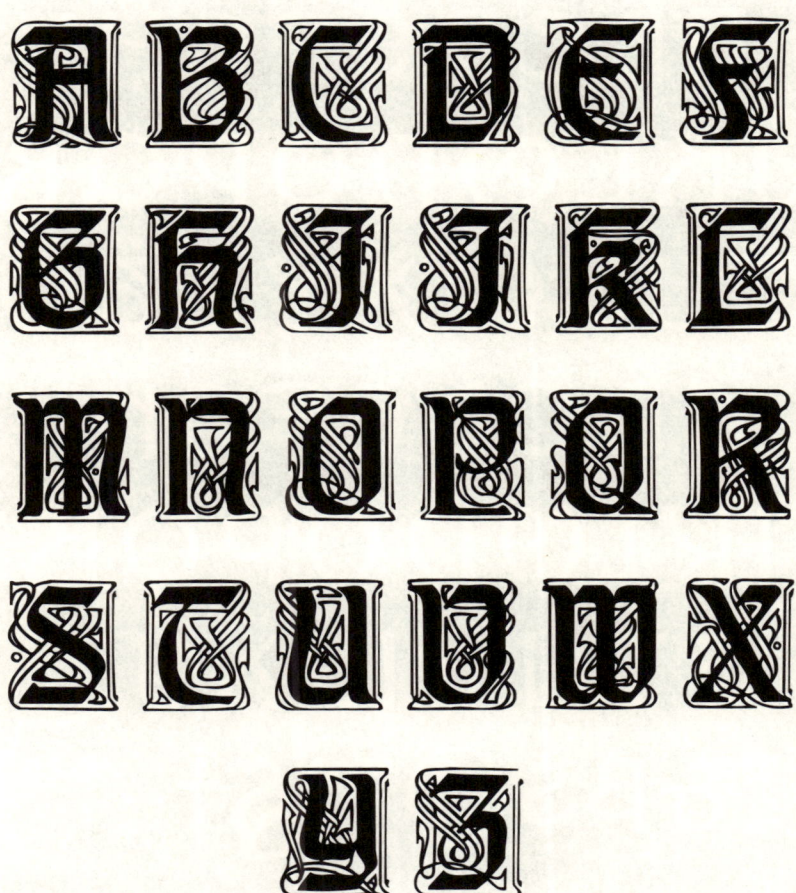

50 Punkt

Carrick Caps
Dieter Steffmann, 2000
www.steffmann.de

HADLEY

FENSTER

95 Punkt

ABCDEFGHI
JKLMNOPQR
STUVWXYZÄÖÜ
ABCDEFGHI
JKLMNOPQR
STUVWXYZ
(["&ß$@™§†:;*"])

40 Punkt

Hadley
Fleisch & Apostrophic Labs, 2005
Ned Hadley, 1916
moorstation.org/typoasis/designers/lab

Schaufenster,
gesehen in Berlin, 2008

FIN DE SIÈCLE UND SIMPLICISSIMUS

TOM BOMBADILL

Dienstboteneingang

55 Punkt

ABCDEFGHIJKLM
NOPQRSTUVWXYZ
abcdefghijklm
nopqrstuvwxyz
1234567890
("&!?$:;*')

35 Punkt

Tom Bombadill
Tom Ledin, 2007
www.tomledin.com

☞ CD

JUGENDSTIL UND JAPONISMUS

KALLIGRAPHIA

Rauschgold

100 Punkt

ABCDEFGHI
JKLMNOPQR
STUVWXYZ
abcdefghijklm
nopqrstuvwxyz
äöü1234567890
({&ß!?$£€@:;*})

45 Punkt

Kalligraphia
Schriftgiesserei Otto Weisert, 1902
www.linotype.com

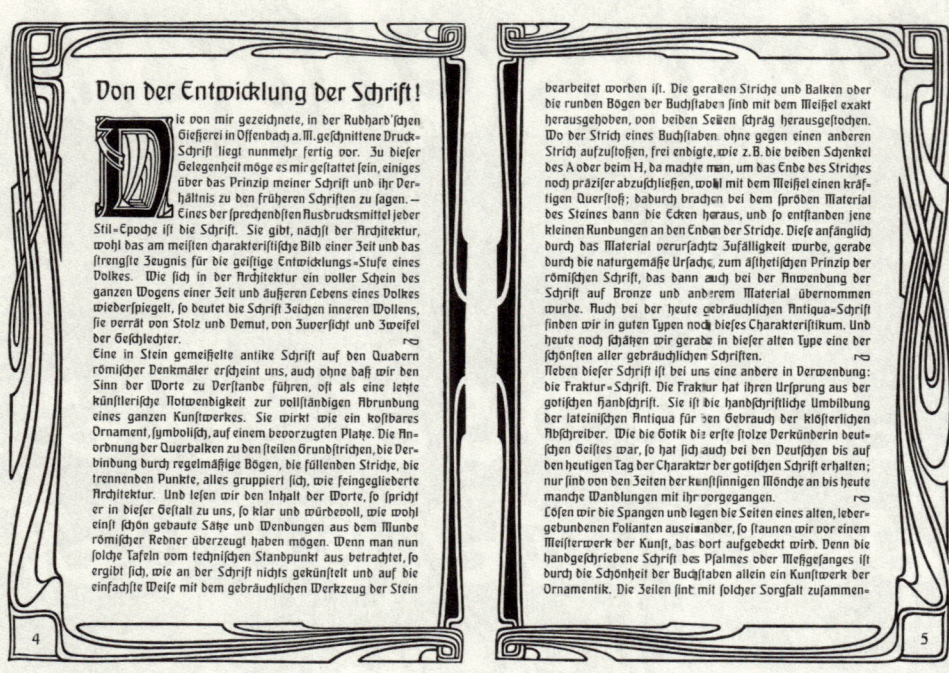

Behrens-Schrift,
Musterdoppelseite, um 1900

BEHRENS-SCHRIFT

Die Münchner Jahresausstellung im
Glaspalaste

25 / 85 Punkt

ABCDEFGHI
JKLMNOPQRST
UVWXYZ

abcdefghijklm
nopqrsſtuvwxyzäöü
1234567890
& fi fl ß tz ſſ ſt ſch !? € @

43 Punkt

Behrens-Schrift
Dieter Steffmann, 2002
Peter Behrens, 1901
www.steffmann.de

BALDUR

Soeben gelangte zur Ausgabe und ist durch alle Buchhandlungen des In- und Auslandes zu beziehen: das überaus reich illustrierte 1. Heft von Deutsche Kunst und Dekoration

20 Punkt

ABCDEFGHI
JKLMNOPQRST
UVWXYZ
abcdefghijklm
nopqrsstuvwxyzäöü
1234567890
(& fi sch ß !?$£ ™)

40 Punkt

Baldur
Dieter Steffmann, 2000
Schriftgießerei Julius Klinkhardt, 1900
www.steffmann.de

CARMEN

Eine neue, eigenartige, äußerst vornehm ausgestaltete Zeitschrift für Künstler und

Kunstfreunde

20 / 65 Punkt

ABCDEFGHI
JKLMNOPQRST
UVWXYZ
abcdefghijklm
nopqrsſtuvwxyzäöü
1234567890
(„&fißchck!?$£@")

43 Punkt

WILLOW

PSYCHOLOGIE

100 Punkt

ABCDEFGHIJK
LMNOPQRSTU
VWXYZÄÖÜ
1234567890
(&!?$£€:;)

60 Punkt

Willow
Tom Forster, 1993
www.linotype.com

»The Future of an Illusion«,
Buchcover, David Pearson, 2004

AURIOL

Japonismus

75 Punkt

ABCDEFGHI
JKLMNOPQRST
UVWXYZ
abcdefghijklm
nopqrstuvwxyzäöü
1234567890
(&fiflß!?$£†:;)

40 Punkt

Auriol
Georges Auriol, 1901
www.adobe.com/type

MENUETTO

Kalligraphie

80 Punkt

ABCDEFGHI
JKLMNOPQRST
UVWXYZ
abcdefghijklm
nopqrstuvwxyzäöü
1234567890
(„&fiflß!?§¶:;")

47 Punkt

Menuetto
Keith Field, 1994
www.dafont.com

»Ver Sacrum«,
Kalender, 1900

HERKULES

Dezember

105 Punkt

ABCDEFGHI
JKLMNOPQR
STUVWXYZ
abcdefghijklm
nopqrstuvwxyzäöü
1234567890
(„&ſchchckß!?@:;*")

43 Punkt

Herkules
Dieter Steffmann, 2004
www.steffmann.de

FIN DE SIÈCLE UND SIMPLICISSIMUS

MULIER MODERNE

MODERN

85 Punkt

ABCDEFG
HIJKLMNO
PQRSTUV
WXYZÄÖÜ
1234567890
&!?$£€@

48 Punkt

Mulier Moderne
E. Mulier, 1894
www.hihretro.com

JUGENDSTIL UND JAPONISMUS

VOLAN

DEKORA

85 Punkt

ABCD
EFGHIJK
LMNOP
QRSTUV
WXYZ

55 Punkt

Volan
Bartek Nowak, 2002
www.nowak.tv/fontoholic

☞ CD

RIVANNA

NEW ART

140 Punkt

ABCDEFGHI
JKLMNOPQR
STUVWXYZÄÖÜ
ÄÖÜ1234567890
(„&§!?$£@:;")

49 Punkt

»Days of Reading Marcel Proust«,
Buchcover, David Pearson, 2004

HORST

PAA

135 Punkt

ABCD
EFGHIJK
LMNOP
QRSTUVW
XYZ

55 Punkt

Horst
David Rakowski, 1990
www.dafont.com

CD

ANNSTONE

145 Punkt

ABCDEF
GHIJKL
MNOPQR
STUVWX
YZ

65 Punkt

AnnStone
Dieter Steffmann, 2000
www.steffmann.de

»Das Interieur«,
Einbanddecke, 1908

JUGENDSTIL UND JAPONISMUS

AMBROSIA

DER ARCHITEKT

50 / 90 Punkt

ABCDEFGHI
JKLMNOPQR
STUVWXYZ
abcdefghijklm
nopqrstuvwxyzäöü
1234567890
(„&fiß!?$£†:;*")

40 Punkt

Ambrosia
Dieter Steffmann, 2000
www.steffmann.de

RAPHAEL

Quelle

150 Punkt

ABCDEFGHI
JKLMNOPQRST
UVWXYZ
abcdefghijklm
nopqrstuvwxyz
äöü1234567890
(&fiflß!?$£§)

42 Punkt

Raphael
Adobe Systems, 1995
Central Type Foundry, 1885
www.adobe.com/type

JUGENDSTIL UND JAPONISMUS

DEVINNE SWASH

Zucker Bäcker

75 Punkt

ABCDEFGHI
JKLMNOPQRST
UVWXYZ
abcdefghijklm
nopqrstuvwxyz
äöü1234567890
(&fi!?$£§)

39 Punkt

Devinne Swash
Dieter Steffmann, 2000
Deberny et Peignot Studio, ca. 1900
www.steffmann.de

ISADORACAPS

TRAUBE

105 Punkt

ABCDEF
GHIJKLMN
OPQRSTU
VWXYZ
1234567890
(&!?.:;)

60 Punkt

IsadoraCaps
1997
www.dafont.com

»Giacondi«,
Weinetikett, um 2000

KONANUR KAPS

110 Punkt

50 Punkt

Konanur Kaps
Dieter Steffmann, 2000
David Rakowski, 1991
www.steffmann.de

JUGENDSTIL UND JAPONISMUS

SAN REMO

RUM

180 Punkt

ABCDEFGHI
JKLMNOPQRST
UVWXYZÄÖÜ
1234567890
(&!?℠)

50 Punkt

San Remo
Dieter Steffmann, 2002
www.steffmann.de

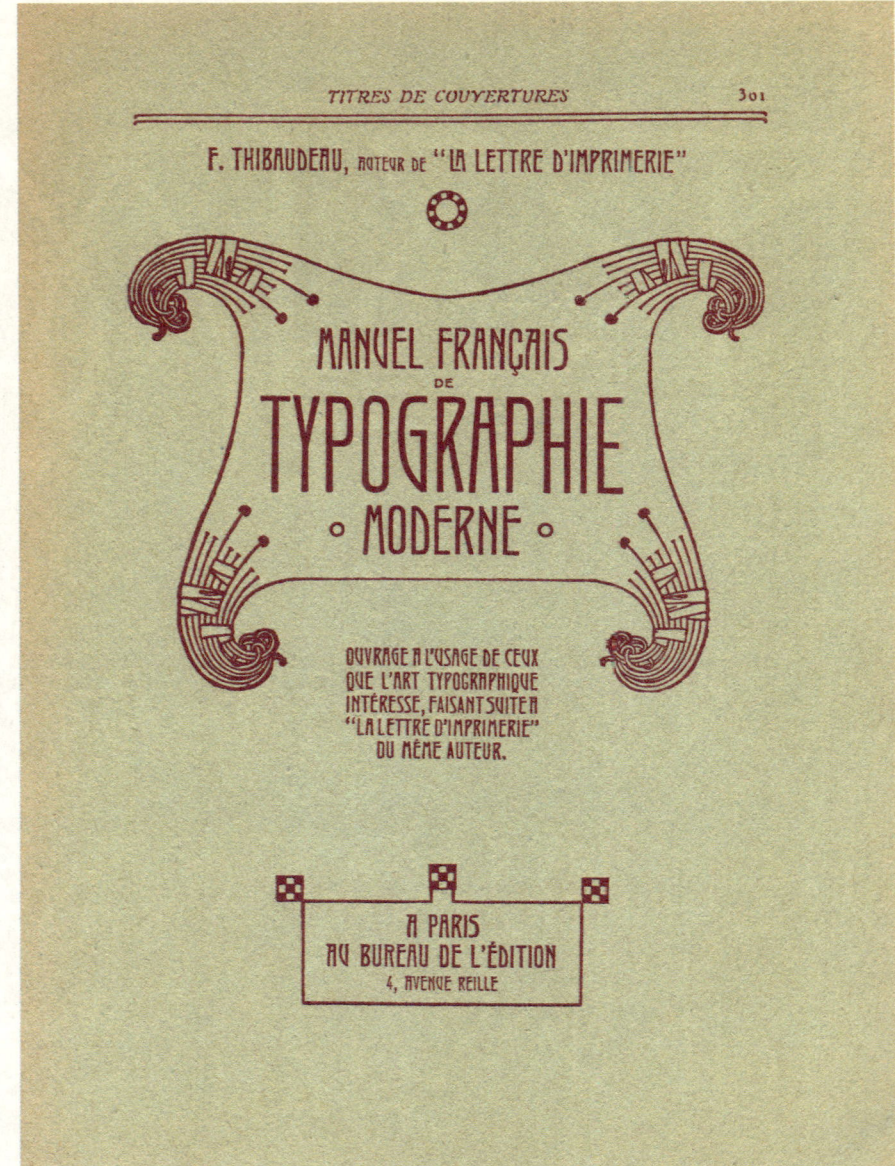

Musterseite,
»Manuel Français de Typographie Moderne«, F. Thibaudeau, 1924

REYNOLD ART DECO

DEKORATION

100 Punkt

ABCDEFGHI
JKLMNOPQR
STUVWXYZ
ÄÖÜ1234567890
(„&!?$£©@§†:;*")

50 Punkt

Reynold Art Deco
Dieter Steffmann, 2000
www.steffmann.de

HANSA

Seilschaft

150 Punkt

ABCDEFGHIJKLM
NOPQRSTUVWXYZ
abcdefghijklm
nopqrstuvwxyzäöü
1234567890
("&fi!?$:;")

50 Punkt

Hansa
Dieter Steffmann, 1999
www.steffmann.de

LA NEGRITA

Alter Simpel

80 Punkt

ABCDEFGHI
JKLMNOPQRST
UVWXYZ

abcdefghijklm
nopqrstuvwxyz
äöü1234567890
(„&fi!?$£:;")

33 Punkt

La Negrita
Dieter Steffmann, 2000
www.steffmann.de

CABARET

THEATER

120 Punkt

ABCDEFGHI
JKLMNOPQR
STUVWXYZ
ÄÖÜ1234567890
(„&!?$£†:;")

51 Punkt

Cabaret
Dieter Steffmann, 2000
www.steffmann.de

»Purple Haze«, Logo,
C100 Purple Haze, 2006

JUGENDSTIL ORNAMENTE

180 Punkt

43 Punkt

Jugendstil Ornamente
Dieter Steffmann, 2002
Schriftgießerei J. G. Schelter & Giesecke, um 1900
www.steffmann.de

KINIGSTEIN CAPS

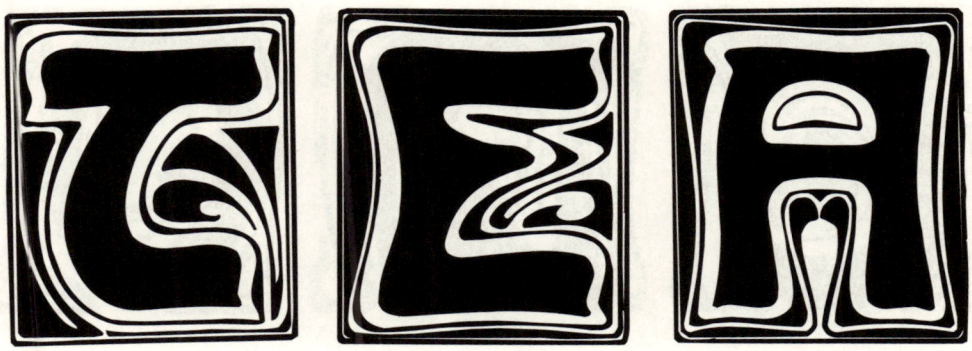

130 Punkt

50 Punkt

Kinigstein Caps
Dieter Steffmann, 2000
David Rakowski, 1990
www.steffmann.de

RUDELSBERG-INITIALEN

120 Punkt

ABCDEFGHIJ
KLMNOPQRS
TUVWXYZ

ABCDEFGHI
JKLMNOPQRS
TUVWXYZ
(„U&!?€")

35 Punkt

Rudelsberg-Initialen
Dieter Steffmann, 2002
Otto Eckmann, um 1900
www.steffmann.de

RUDELSBERG-SCHMUCK

150 Punkt

48 Punkt

Rudelsberg-Schmuck
Dieter Steffmann, 2002
Otto Eckmann, um 1900
www.steffmann.de

1918
—
1933

Gallia MT
Wadsworth A. Parker
1927 | Seite 160

ART DÉCO

ROARING
TWENTIES

Nadall
Eric Grunin
1993 | Seite 152

Linofilm, erste Fotosetzmaschine
aus dem Jahr 1916

3

Kino, Jazz und Bubikopf
Art déco und Plakatstil

circa 1918–1933

Die zwanziger Jahre werden heute sehnsüchtig als die »goldenen Zwanziger« betitelt und sind untrennbar mit Jazz, Swing, Marlene Dietrich und Josefine Baker verbunden. In der Gestaltung entwickeln sich parallel verschiedene Richtungen. Eine ist als Art déco bekannt geworden. Jene stets dem Konsum und der Eleganz verpflichtete Stilepoche lässt auch die Typografie nicht unbeeindruckt. Diese konzentriert sich darauf, die ideale Form für Unterhaltung und Vergnügung zu finden, sich modern und zeitgeistig zu geben und für die neuen Errungenschaften der Zeit – unter anderem Kino, Grammophon und Telefon – Spalier zu stehen.

»VOGUE«,
Zeitschriftencover, 1925

Kino, Jazz und Bubikopf
Art déco und Plakatstil

circa 1918–1933

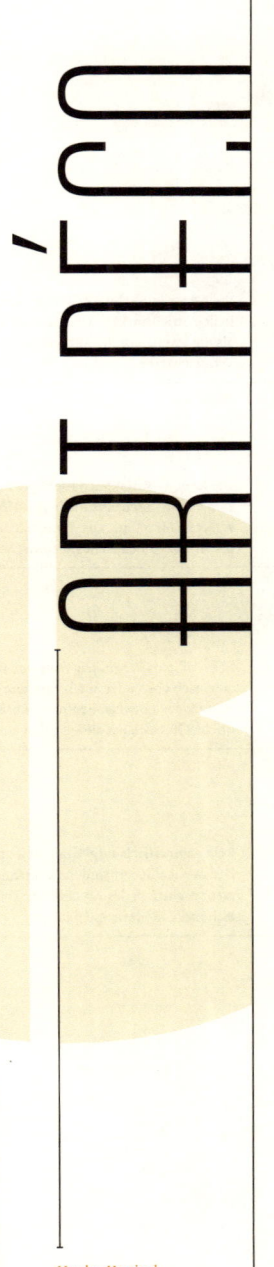

Huxley Vertical
Walter Huxley
1935 | Seite 178

Der Art-déco-Stil basiert auf der Grundlage der geometrisch konstruierten Formensprache der Konstruktivisten, kommt jedoch nicht ohne eine dekorative Ausgestaltung zu Gunsten der Eleganz aus. Auch für die Schriftgestaltung gilt, dass sie zwar auf Geometrie, Abstraktion und Elementarformen basiert, um schließlich jedoch zeichnerisch nachkorrigiert zu werden.

Typische Alphabete des Art déco sind jene Konstruierten, die durch ihren starken, fast unausgeglichenen Strichstärkenkontrast an das Schriftschaffen des Klassizismus erinnern. Ihre Wechselwirkung von schmal zu breit ist charakteristisch.

Viele Schriften werden aus geometrischen Formen zusammengesetzt. Die Wortbilder wirken flächig und ornamental, oft zu Lasten der Lesbarkeit. Ihre plakative Wirkung ist dafür bemerkenswert. Häufig werden die Buchstaben zusätzlich räumlich-zeichnerisch ergänzt.

Daneben entstehen zahlreiche serifenlose Antiqua-Varianten. Auf Minuskeln verzichtet man mitunter und gibt Versalien mit dünnen Strichstärken den Vorzug, einige gestalterisch überhöht. Wiederholt findet man in diesen Alphabeten eine nach oben oder unten versetzte Mittelline. Gerne lässt man diese auch nach links ausbrechen. Einige Alphabete sind durch einen starken Wechsel der Buchstabenbreite innerhalb des Alphabetes gekennzeichnet. Versal-S, -P und -R können dann sehr schmal, Rundformen wie das Versal-O oder auch -G und -C im Verhältnis sehr breit ausfallen.

Schriften

Broadway
Konstruierte mit klassizistischem Charakter

Viele Art-déco-Schriften haben extreme Kontraste in den Strichstärken. Sind sie auch weniger streng als die klassizistische Antiqua, liegt dennoch der Vergleich nahe.

Merkmale

Parisian
Antiqua-Varianten

Die Antiqua-Varianten dieser Epoche zeichnen sich häufig durch eine niedrige x-Höhe und eine versetzte Mittellinie aus. Dennoch orientieren sich die Grundformen an den historischen Vorbildern.

Merkmale

HUXLEY VERTICAL
Serifenlose Antiqua-Varianten

Bei serifenlosen Antiqua-Varianten findet sich oft eine nach oben oder unten versetzte Mittellinie, die bei manchen Buchstabenformen nach links ausbricht. Oft bestehen die Schriften nur aus Versalien.

Merkmale

BIFUR
Konstruierte Ornamentalschriften

Rein geometrisch aufgebaut, oft zum abstrakten Ornament stilisiert sind die konstruierten Ornamentalschriften des Art déco. Ihr Duktus ist oft technisch, modern und flächig.

Merkmale

Merkmale

zum Beispiel:
Broadway
Morris Fuller Benton
1925 | Seite 155

zum Beispiel:
Parisian
Morris Fuller Benton
1928 | Seite 177

zum Beispiel:
Huxley Vertical
Walter Huxley
1935 | Seite 178

zum Beispiel:
Bifur
Tomoyuki Watanabe
2002 | Seite 197

Schriften
Konstruierte mit klassizistischem Charakter und serifenlose Antiqua-Varianten, häufig sehr leichte Schnitte und nur Versalien finden im Bereich der Werbung, der Verpackung und in der Zeitschriften-Gestaltung Anwendung. Als Satzschriften werden serifenlose Schriften nur äußerst selten eingesetzt, Antiqua und gebrochene Schriften bleiben dagegen vom Zeitgeschmack der Epoche unbeeindruckt.

Illustration und Typografie
Illustrationen dieser Zeit sind provokante Darstellungen, beeinflusst vom Kubismus. Mal spricht die moderne Welt der zwanziger Jahre aus ihnen, mit ihrer Technik, ihrer Kommunikation, ihrem Verkehr, ihrer Dynamik, mal die mondäne Eleganz und der Luxus. Umgesetzt in fantastischen Bildwelten voller Glanz und Glamour, denen die Typografie gerne den Vortritt lässt. Diese hält sich oft bescheiden im Hintergrund und gibt dem Motiv den Raum, den es braucht.

Ornamente
Ornamente sind aus geometrischen Flächen zusammengesetzte Motive, mitunter floral, figurativ oder auch abstrakt. Vorbilder sucht man in der zeitgenössischen Kunst, aber auch in der Zeichensprache exotischer Kulturen. Moderne Technik und Lebensweise werden häufig thematisiert.

NADALL

CHAMPAGNER

60 Punkt

ABCDEFGHI
JKLMNOPQR
STUVWXYZ
ABCDEFGHIJKLM
NOPQRSTUVWXYZ
ÄÖÜ1234567890
(&ß☺!?$)

48 Punkt

Nadall
Eric Grunin, 1993
www.dafont.com

ITC VINTAGE

ILLUSTRIRTE

75 Punkt

ABCDEFGHI
JKLMNOPQR
STUVWXYZ

ABCDEFGHIJKLM
NOPQRSTUVWXYZ
1234567890
(ÄÖÜ&!?$£€)

43 Punkt

ITC Vintage
Holly Goldsmith, 1996
www.linotype.com

»The Broadway Series«, Schriftprobe,
American Type Founders, 1925

BROADWAY

Play house

80 Punkt

ABCDEFGHI
JKLMNOPQRST
UVWXYZ
abcdefghijklm
nopqrstuvwxyz
äöü1234567890
("&ß!?$:;')

35 Punkt

Broadway
Morris Fuller Benton, 1925
www.linotype.com

EMPIRE STATE DECO

EMPIRE

90 Punkt

ABCDEFGHI
JKLMNOPQRST
UVWXYZ

ABCDEFGHI
JKLMNOPQRST
UVWXYZ
1234567890

40 Punkt

FULLTILTBOOGIE

SPIELBANK

65 Punkt

ABCDEFGHI
JKLMNOPQR
STUVWXYZ
1234567890
&!?$£€*

50 Punkt

FullTiltBoogie
Nick Curtis, 1999
www.nicksfonts.com

BERNHARD FASHION

130 Punkt

ABCDEFGHI
JKLMNOPQR
STUVWXYZ
abcdefghijklm
nopqrstuvwxyzäöü
1234567890
(„&fiflß!?$€:;*")

40 Punkt

Bernhard Fashion
Lucian Bernhard, 1929
www.linotype.com

ART DÉCO UND PLAKATSTIL

»Seida«, Weinetikett,
Louise Fili Ltd, um 2000

GALLIA MT

**TOPF=
HUT**

85 Punkt

A A B B C C D E E F G
H I J K L L M M M
N O P Q R R S S T T T
U V V V W W X X X
Y Y Z Z Ä Ö Ü
1 2 3 4 5 6 7 8 9 0
(& ! ? $ £ ₤ @ :;)

40 Punkt

Gallia MT
Wadsworth A. Parker, 1927
www.myfonts.com

METRO-RETRO

ROBE

115 Punkt

ABCDEFGHI
JKLMNOPQR
STUVWXYZ
1234567890
„&!?$£€"

50 Punkt

Metro-Retro
Nick Curtis, 1999
www.nicksfonts.com

KINO, JAZZ UND BUBIKOPF

LABYRINTH

HECKE

105 Punkt

ABCDEFG
HIJKLM
NOPQRST
UVWXYZ
1234567890
&!?ÄÖÜ"

55 Punkt

Labyrinth
Nick Curtis, 1999
www.nicksfonts.com

Dolce & Gabbana,
Website, 2008

DRIVE-THRU

AUTOKINO

65 Punkt

ABCDEFG
HIJKLMNOPQR
RSTUVWXYZ
1234567890
.,&;

43 Punkt

Drive-Thru
Nick Curtis, 2000
www.nicksfonts.com

ART DÉCO UND PLAKATSTIL

EMPIRESTATE

RECORD

80 Punkt

ABCDEFGHI
JKLMNOPQR
STUVWXYZ
1234567890
(.&B!?$£€')

49 Punkt

EmpireState
Nick Curtis, 2000
www.nicksfonts.com

»Vogue«, Anzeige,
F. Wolff & Sohn, 1923

PLATONICK-NORMAL

AUTOMOBIL

125 Punkt

ABCDEFGHI
JKLMNOPQRST
UVWXYZÄÖÜ
1234567890
{([&ß!?§£€*])}

55 Punkt

Platonick-Normal
Nick Curtis, 1997
www.nicksfonts.com

GUINNESSEXTRASTOUT

Fine jewelry
French cabinet
Music
Wallpaper

20 Punkt

ABCDEFGHI
JKLMNOPQR
STUVWXYZ
abcdefghijklm
nopqrstuvwxyz
äöü1234567890
(»¢ß!?$£€©®*«)

30 Punkt

GuinnessExtraStout
Nick Curtis, 1999
www.nicksfonts.com

FONTLEROYBROWN

Tobacco

150 Punkt

ABCDEFGHI
JKLMNOPQR
STUVWXYZ

abcdefghijklm
nopqrstuvwxyzäöü
1234567890
(&!?$£€)

48 Punkt

FontleroyBrown
Nick Curtis, 2000
www.dafont.com

KINO, JAZZ UND BUBIKOPF

ANAKRONISM

Parfüm
Creme, Puder und Seife

60 / 20 Punkt

ABCDEFGHI
JKLMNOPQR
STUVWXYZ
abcdefghijklm
nopqrstuvwxyzäöü
1234567890
&ß!?$£€†

35 Punkt

AnAkronism
Nick Curtis, 1999
www.dafont.com

ART DÉCO UND PLAKATSTIL

ANTIQUE NO 14

Schuhcreme

60 Punkt

ABCDEFGHI
JKLMNOPQR
STUVWXYZ
abcdefghijklm
nopqrstuvwxyz
äöü1234567890
(&!?$@)

35 Punkt

Antique No 14
Dieter Steffmann, 2000
www.steffmann.de

LIETZ ALEXANDER NERO

Zugreise

75 Punkt

ABCDEFGHI
JKLMNOPQR
STUVWXYZ
abcdefghijklm
nopqrstuvwxyz
1234567890
,.'äöü:;

40 Punkt

Lietz Alexander Nero
Hannes Siengalewicz, 2005
www.polenimschaufenster.com

PARKLANE

ROYAL

80 Punkt

ABCDEFGHI
JKLMNOPQR
STUVWXYZ
1234567890
(»&ß!?$£€«)

55 Punkt

ParkLane
Nick Curtis, 2000
www.nicksfonts.com

»Propaganda«, Buchcover,
Politzer, um 1930

UNCLE BOB MF

PRALINE

75 Punkt

ABCDEFGHIJ
KLMNOPQRST
UVWXYZÄÖÜ
1234567890
(&!?$£)

40 Punkt

Uncle Bob MF
Richard William Mueller, 1993
moorstation.org/typoasis/designers/mueller

ODALISQUE

FINANZ ADEL

80 Punkt

ABCDEFGHI
JKLMNOPQR
STUVWXYZ
1234567890
(&!?ÄÖÜ$£€)

50 Punkt

Odalisque
Nick Curtis, 2000
www.nicksfonts.com

PARISIAN

Golden Twenties

70 Punkt

ABCDEFGHI
JKLMNOPQR
STUVWXYZ
abcdefghijklm
nopqrstuvwxyzäöü
1234567890
(&ß!?$†)

40 Punkt

Parisian
Morris Fuller Benton, 1928
www.adobe.com/type

HUXLEY VERTICAL

HERMES

180 Punkt

ABCDEFGHIJK
LMNOPQRST
UVWXYZ
1234567890
(&!?$£†)

70 Punkt

Huxley Vertical
Walter Huxley, 1935
www.bitstream.com

ART DÉCO UND PLAKATSTIL

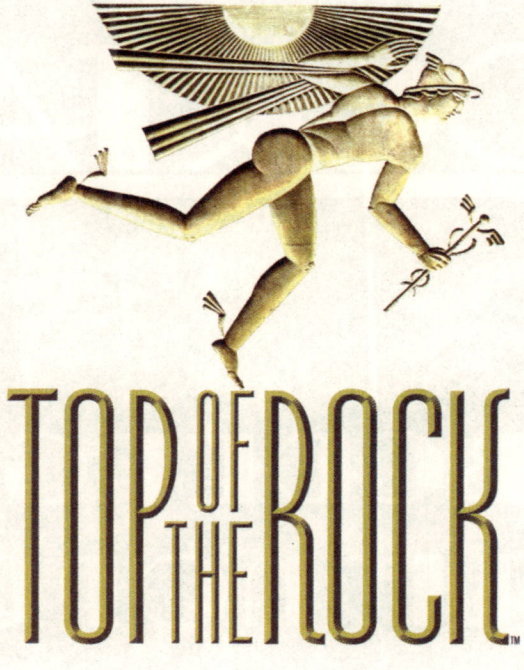

Rockefeller Center, Logo,
Doyle Partners, um 2000

KINO, JAZZ UND BUBIKOPF

HERALDSQUARE

COCKTAIL

80 Punkt

ABCDEFGHI
JKLMNOPQR
STUVWXYZ
ABCDEFGHIJKLM
NOPQRSTUVWXYZ
ÄÖÜ1234567890
(&!?/£€)

38 Punkt

HeraldSquare
Nick Curtis, 2002
www.nicksfonts.com

CD

ART DÉCO UND PLAKATSTIL

SARSAPARILLA

Fashion

110 Punkt

ABCDEFGHI
JKLMNOPQRST
UVWXYZ
abcdefghijklm
nopqrstuvwxyz
äöü1234567890
&ß!?$£€

46 Punkt

Sarsaparilla
Nick Curtis, 1999
www.nicksfonts.com

THE LEGS OF THE
STORK ARE LONG·
THE LEGS OF THE
DUCK ARE SHORT
···YOU CANNOT
MAKE THE LEGS
OF THE STORK
SHORT·NEITHER
CAN YOU MAKE
THE LEGS OF THE
DUCK LONG·

WHY WORRY?

»Why Worry?«,
Buchcover, 1932

BREMEN

THE LEGS OF THE STORK

35 / 90 Punkt

ABCDEFGH
IJKLMNO
PQRSTUVW
XYZÄÖÜ
1234567890
(„&!?$†:;")

42 Punkt

Bremen
Richard Lipton, 1990–92
nach Ludwig Hohlwein, 1922
www.bitstream.com

XYLO

Freitag

95 Punkt

ABCDEFGHI
JKLMNOPQR
STUVWXYZ
abcdefghijklm
nopqrstuvwxyz
1234567890
(äöü&ß!?$£€:;)

43 Punkt

Xylo
Benjamin Krebs, 1924
www.linotype.com

ART DÉCO UND PLAKATSTIL

DOLMEN

Average

85 Punkt

ABCDEFGHI
JKLMNOPQR
STUVWXYZ
abcdefghijklm
nopqrstuvwxyz
1234567890
(äöü&ß!?$£€)

42 Punkt

Dolmen
Max Salzmann, 1922
www.linotype.com

KINO, JAZZ UND BUBIKOPF

DRUMAGSTUDIONF

BAR

150 Punkt

ABCDEFGHIJ
KLMNOPQRST
UVWXZÄÖÜ
1234567890
(„&!$£€@")

38 Punkt

DrumagStudioNF
Nick Curtis, 2003
www.nicksfonts.com

»Stone's Throw«, Weinetikett,
Morrow McKenzie Design, 2000

KINO, JAZZ UND BUBIKOPF

RITZYREMIX

AUTOMAT

85 Punkt

ABCDEFGHIJKLM
NOPQRSTUVWXYZ
ABCDEFGHIJKLM
NOPQRSTUVWXYZ
ÄÖÜ1234567890
(&ß!?$£€)

38 Punkt

RitzyRemix
Nick Curtis, 2000
www.nicksfonts.com

SESQUIPEDALIAN

RUIN

80 Punkt

ABCDEFGHI
JKLMNOPQR
STUVWXYZ
ACEFHIJMSY
(&!?$£€*)

40 Punkt

Sesquipedalian
Nick Curtis, 1999

FANCYPANTS

ANTIK

90 Punkt

ABCDEFGHIJKLM
NOPQRSTUVWXYZ

ABCDEFGHIJKL
MNOPQRSTU
VWXYZ
1234567890
»&ß!?ÄÖÜ£$€*.;«

34 Punkt

FancyPants
Nick Curtis, 1999
www.nicksfonts.com

»Dom Perignon«, Plakat,
Terry Allen, um 2000

JUMBO MUMBO

ODEON

90 Punkt

ABCDEFGHI
JKLMNOPQRST
UVWXYZ

ABCDEFGHIJKLM
NOPQRSTUVWXYZ
1234567890
(¿?¢$€;:)

35 Punkt

Jumbo Mumbo
Nick Curtis, 2006
www.nicksfonts.com

MYGALSWOOPYNF

80 Punkt

ABCDDEEF
GHIJKLMN
OPQRSTU
VWXYZÄÖÜ
1234567890
("&!?$£€:;*")

35 Punkt

MyGalSwoopyNF
Nick Curtis, 2002
www.nicksfonts.com

»VOGUE«,
Zeitschriftencover, 1929

COPASETIC

THEATER

115 Punkt

ABCDEFGHIJKLMN
OPQRSTUVWXYZÄÖÜ

AbCDEFGHIJKLM
NºPQRSTUVWXYZÅºÜ

1234567890

»&ß!?$£€ÆŒ«

43 Punkt

Copasetic
Nick Curtis, 1999
www.nicksfonts.com

BRADLEY INITIALS

DR. CALIGARI

60 Punkt

ABCDEFGHIJKLM
NOPQRSTUVWXYZ
ABCDEFGHIJKLM
NOPQRSTUVWXYZ
1234567890
&$¥€:;

29 Punkt

Bradley Initials
William H. Bradley, 1934
www.fontbureau.com

BIFUR

EXCESS

110 Punkt

ABCDEFGHIJ
KLMNOPQRST
UVWXYZ
1234567890
(·!?&·)

49 Punkt

Bifur
Tomoyuki Watanabe, 2002
A. J. M. Cassandre, 1927
typography.jp.org

EF RADIANT

Frauenwahlrecht

60 Punkt

ABCDEFGHI
JKLMNOPQR
STUVWXYZ
abcdefghijklm
nopqrstuvwxyzäöü
1234567890
(&ß!?$£:;)

45 Punkt

EF Radiant
Robert Hunter Middleton, 1938
www.fonts4ever.com

ART DÉCO UND PLAKATSTIL

PEIGNOT

PlAKAT
wANd

85 Punkt

ABCDEFGHI
JKLMNOPQR
STUVWXYZ
abcdefghijklm
NopQRstuvwxyzäöü
1234567890
(&ß!?$@)

44 Punkt

Peignot
A. M. Cassandre, 1937
www.adobe.com/type

KINO, JAZZ UND BUBIKOPF

ANAGRAM

METRO

95 Punkt

ABCDEFG
HIJKLMNOP
QRSTUV
WXYZÄÖÜ
1234567890
„&ß!?$£€:;"

48 Punkt

Anagram
Nick Curtis, 1999
www.nicksfonts.com

»El Mundo Metropoli Magazine«,
Zeitschriftencover,
Unidad Editorial S.A., 2001

KINO, JAZZ UND BUBIKOPF

HAMBURGERHEAVEN

Longchamp

95 Punkt

ABCDEFGHI
JKLMNOPQR
STUVWXYZ
abcdefghijklm
nopqrstuvwxyz
äöü1234567890
[&fiflß!?$£€]

40 Punkt

HamburgerHeaven
Nick Curtis, 2001
www.nicksfonts.com

CD

ART DÉCO UND PLAKATSTIL

KOLOSS

Gin Tonic

75 Punkt

ABCDEFGHI
JKLMNOPQR
STUVWXYZ
abcdefghijklm
nopqrstuvwxyz
äöü1234567890
(&ß!?$£*)

42 Punkt

Koloss
Jakob Erbar, 1924
www.linotype.com

»Evrope at love«, Buchcover,
Hans Flato, 1932

NICKELODEON

Limited Edition

84 Punkt

ABCDEFGHI
JKLMNOPQRST
UVWXYZ
abcdefghijklm
nopqrstuvwxyz
äöü1234567890
(&ß!?$€)

50 Punkt

Nickelodeon
Nick Curtis, 1999
www.nicksfonts.com

METROPOLIS CT

Josephine Baker

75 Punkt

ABCDEFGHI
JKLMNOPQR
STUVWXYZ
abcdefghijklm
nopqrstuvwxyz
1234567890
(äöü&ß!?$:;)

41 Punkt

Metropolis CT
Jason Castle, 1990
W. Schwerdtner, 1932
www.castletype.com

MODERNIQUE

Striptease

80 Punkt

ABCDEFGHI
JKLMNOPQR
STUVWXYZ
abcdefghijklm
nopqrstuvwxyz
äöü1234567890
★(&ß!?$£)★

40 Punkt

Modernique
1927
www.linotype.com

BINNER GOTHIC

Kaffeehaus

145 Punkt

ABCDEFGHIJKLM
NOPQRSTUVWXYZ
abcdefghijklm
nopqrstuvwxyzäöü
1234567890
(„&fiflß!?$£@")

50 Punkt

Binner Gothic
John F. Cummings, 1898
www.linotype.com

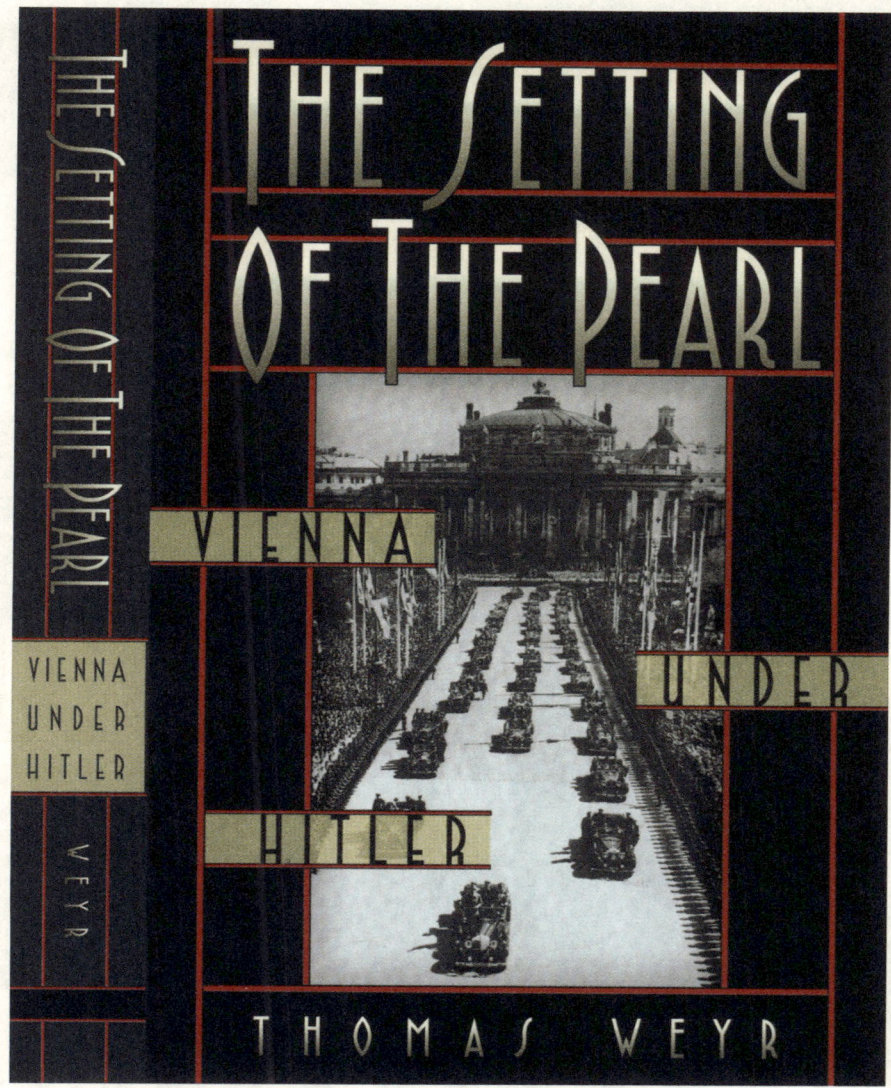

»The setting of the pearl«,
Buchcover, Jon Valk Design, 2005

KINO, JAZZ UND BUBIKOPF

SUNSET

Seehaus

150 Punkt

ABCDEFGHI
JKLMNOPQRB
STHVWXYZ
abcdefghijklm
nopqrsthvwxyz
äöü1234567890
(&ß!?§£€@☮)

48 Punkt

Sunset
Harold Lohner, 2004
www.haroldsfonts.com

CD

DHARMA

Strand

110 Punkt

ABCDEFGHI
JKLMNOPQR
STUVWXYZ
abcdefghijklm
nopqrstuvwxyz
1234567890
[äöü&ß!?$€@]

42 Punkt

Dharma
Gerd Sebastian Jakob, 1997
Joerg Ewald Meißner, 1922
www.linotype.com

TONY'S SCRAP BOOK

1932-33 EDITION

by Tony Wons

»Tony's Scrap Book«,
Buchcover, 1933

ART DÉCO UND PLAKATSTIL

FIESTA

SILBER

150 Punkt

ABCDEFGHIJ
KLMNOPQRST
UVWXYZ
1234567890

58 Punkt

Fiesta
Bartek Nowak, 2001
www.nowak.tv/fontoholic

KINO, JAZZ UND BUBIKOPF

FACETSNF

CASINO

120 Punkt

ABCDEFGHI
JKLMNOPQRST
UVWXYZÄÖÜ
1234567890
»[&!?$£€@]«

60 Punkt

FacetsNF
Nick Curtis, 2003
www.dafont.com

POPUPS

THE
METRO
STATION

60 Punkt

ABCDEFGHI
JKLMNOPQR
STUVWXYZ

ABCDEFGHIJKLM
NOPQRSTUVWXYZ
1234567890
THE AND TO WITH I B FOR
            O   H N Y

45 Punkt

PopUps
Harold Lohner, 1998
www.haroldsfonts.com

UMBRA

AVENUE

100 Punkt

ABCDEFG
HIJKLMNOP
QRSTUV
WXYZÄÖÜ
1234567890
„.&!?\$£₤†*;:'"

50 Punkt

Umbra
Robert Hunter Middleton, 1932
www.adobe.com/type

»Fate«, Plakat,
Joe Scorsone, Alice Drueding , 1997

GRANDPRIX

RENNBAHN

65 Punkt

ABCDEFGHIJ
KLMNOPQRSTU
VWXYZÄÖÜ
1234567890
»(&!!$£€*)«

45 Punkt

GrandPrix
Nick Curtis, 2002
www.dafont.com

SHO-CARD-CAPS

NIGHT

120 Punkt

ABCDEFGHIJ
KLMNOPQRST
UVWXYZÄÖÜ
1234567890
&ß!?$£€

50 Punkt

Sho-Card-Caps
Nick Curtis, 1999
www.nicksfonts.com

ZEPPELIN

Zylinder

120 Punkt

ABCDEFGHI
JKLMNOPQR
STUVWXYZ
abcdefghijklm
nopqrstuvwxyz
äöü1234567890
(&fiflß !?$£)

45 Punkt

Zeppelin
Rudolf Koch, 1927
www.linotype.com

Breuninger, Buchcover,
Mutabor Design, 2006

BEAUTYSCHOOLDROPOUT II

OLDTIMER

145 Punkt

ABCDEFGHIJKLM
NOPQRSTUVWXYZ

ABCDEFGHIJKLMN
OPQRSTUVWXYZÄÖÜ

1234567890

[&ß!?$£€@]

45 Punkt

BeautySchoolDropout II
Nick Curtis, 1997, 2000
www.dafont.com

CD

SHOWTIME

100 Punkt

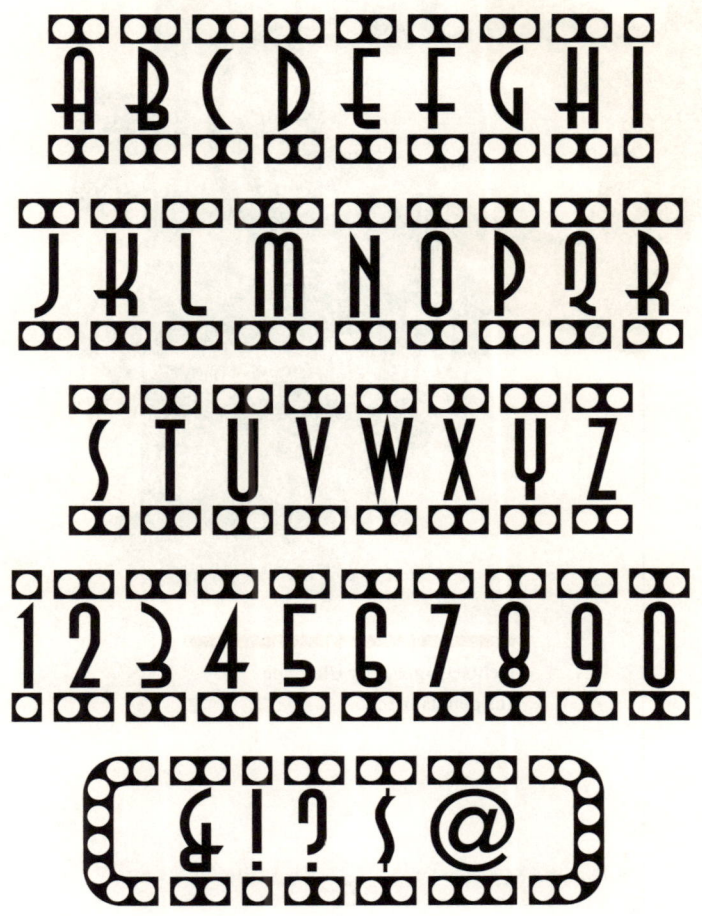

45 Punkt

Showtime
Randy Ford, 1998
fonts.arrfdesigns.com

TSCHICHOLD UND BAUHAUS

1918 — 1933

ELEMENTARE TYPOGRAFIE

Das Reicht Gut
Matt Perkins
1997 | Seite 250

Lichtsetzapparatur Uhertype
aus dem Jahr 1930

Futura
Paul Renner
1928 | Seite 230

E

4

Tschichold und Bauhaus
Elementare Typografie
und Konstruktivismus

circa 1918–1933

Die Elementare Typografie entwickelt sich in Deutschland parallel zu den Gestaltungsansätzen des Art déco, im Zeitraum zwischen dem Ende des Ersten Weltkrieges und der Machtübernahme der Nationalsozialisten. Vorreiter der »Neuen Typografie« gibt es gleich mehrere. Die Konstruktivisten, Dadaisten und Futuristen haben mit ihren kühnen typografischen Kompositionen für einige formale Versuche der Elementaren Typografie nachweislich Pate gestanden. Der konstruktive Umgang mit den elementaren Formen ist deutlich diesen Stilrichtungen entlehnt, auf deren Schultern die Elementare Typografie weitergedacht wird.

»Sportpolitische Rundschau«,
Zeitschriftencover,
Jan Tschichold, 1928

Tschichold und Bauhaus
Elementare Typografie und Konstruktivismus

circa 1918–1933

DIN Mittelschrift
Ludwig Goller
1925 | Seite 236

Tschich
Manfred Klein
2002 | Seite 235

Die traditionellen Schriften, Antiqua und Fraktur, werden nicht mehr als zeitgemäß empfunden. Elementare Formen, also Kreis, Quadrat und Dreieck, passen besser zum modernen Leben, wird argumentiert. Formale Überlegungen, die unmittelbaren Einfluss auf die Schriftgestaltung nehmen. Dem enstprechend werden Alphabete konstruiert, die nur noch aus Kreis-, Dreieck- und Rechteck-Elementen zusammengesetzt sind. Da man zur leichteren Unterscheidung der einzelnen Buchstaben nicht ohne die Trennung der Bestandteile auskommt, sind diese Alphabete Schablonenschriften sehr ähnlich.

Daneben entstehen nun auch sogenannte Universalalphabete, ganz aus der Überzeugung heraus, dass ein Alphabet ausreichend sei. So werden konstruierte Alphabete auf Grundlage der Minuskeln entwickelt. Erscheinen einem die Versalien hier und da jedoch charakteristischer, zieht man diese heran oder bemüht sich um eine Hybridform. Wegen ihrer schlechten Lesbarkeit konnten sich diese Schriften für den Mengensatz aber nicht durchsetzen.

Gut lesbar und zeitlos sind jene Groteskschriften, die zwar wie mit Zirkel und Winkel konstruiert wirken, dies aber nicht sind, sondern zugunsten einer besseren Lesbarkeit zeichnerisch nachkorrigiert wurden. So den optischen Gesetzmäßigkeiten für eine bessere Lesbarkeit gehorchend, kommt etwa die berühmte Futura daher.

Schriften

Futura

Serifenlose Schriften

Obwohl bei dieser Schriftgattung die geometrischen Grundformen noch erkennbar sind, wurde die Konstruktion zugunsten eines lesefreundlichen Gesamterscheinungsbildes zurückgenommen.

Merkmale

P22 Albers

Schablonenschriften

Typische Bauhausschriften sind nur noch aus Kreis-, Dreieck- oder Rechteck-Elementen zusammengesetzt. Zur Unterscheidung der einzelnen Buchstaben werden diese oftmals durchtrennt.

Merkmale

tschich

Universalschriften

Universalschriften entstanden oft auf Grundlage der Minuskeln. Manche Buchstaben sind auch eine Hybridform aus Versalie und Minuskel. Auch diese Schriften sind streng konstruiert.

Merkmale

Kabel

Serifenlose Schriften mit konstruiertem Charakter

Die Konstruktion dieser serifenlosen Schriften nimmt keine Rücksicht mehr auf Lesbarkeit, sondern bleibt ihrem Raster treu. So kommt es bei manchen Buchstaben zu originären Formen.

Merkmale

Merkmale

zum Beispiel:
Futura
Paul Renner
1928 | Seite 230

zum Beispiel:
P22 Albers
Richard Kegler
2007 | Seite 254

zum Beispiel:
Tschich
Manfred Klein
2002 | Seite 235

zum Beispiel:
Kabel
Rudolf Koch
1925 | Seite 231

Schriften
Die ausschließliche Verwendung serifenloser Schriften, diese jedoch in allen verfügbaren Schnitten – von mager bis fett, von schmal bis breit –, ist Gesetz. Zu Beginn werden noch die vor den zwanziger Jahren vorrätigen Serifenlosen (etwa Akzidenz-Grotesk, Venus und News Gothic) benutzt, später werden streng konstruierte und Schablonenschriften entworfen. Mit Schriftarten, -schnitten und -graden hat man sparsam umzugehen: Ein Wechsel muss dem Inhalt entsprechen.

Satz
Den Satz auf Mittelachse ersetzt man durch Block- oder Flattersatz. Dies spart dem Setzer Zeit und man sieht es als natürlich an, da nicht an einer Achse orientiert geschrieben wird. Dafür wird nun der Figur-Grund-Beziehung größere Zuwendung gezollt, der Weißraum wird also in die Gestaltung einbezogen. Die freie Anordnung typografischer Elemente und Diagonalsatz sind außerdem modern.

Ornamente
Historischer Schmuck wird durch elementare Formen (Kreis, Quadrat, Dreieck) und Linien ersetzt. Ihre Anwendung soll aus der Gesamtkonstruktion heraus begründet sein. Es wird darauf geachtet, starke Kontraste zu gestalten, deren Gewichtung jedoch inhaltlich begründet sein muss.

FUTURA

Zu den elementaren Mitteln der Typographie gehört in der heutigen, auf Optik eingestellten Welt auch das exakte Bild:

die Photographie

15 / 48 Punkt

ABCDEFGHI
JKLMNOPQR
STUVWXYZ
abcdefghijklm
nopqrstuvwxyz
1234567890
(äöü!?&ß$£)

38 Punkt

Futura
Paul Renner, 1928
www.adobe.com/type

KABEL

Elementare Schriftform ist die Groteskschrift aller Variationen

40 Punkt

ABCDEFGHI
JKLMNOPQR
STUVWXYZ

abcdefghijklm
nopqrstuvwxyz
1234567890
(äöü!?&ßfifl$£)

38 Punkt

Kabel
Rudolf Koch, 1925
www.adobe.com/type

»foto-auge«, Zeitschriftencover,
Jan Tschichold, 1928

ERBAR

Es wäre zum mindesten unproduktiver Zeitverlust, wenn man heute beweisen wollte, dass man nicht mit eigenem Blut und einer Gänsefeder zu schreiben braucht, wenn die Schreibmaschine existiert. Heute zu beweisen, dass die Aufgabe jedes Schaffens, so auch der Kunst, nicht DARstellen, sondern DAstellen ist, ist ebenfalls unproduktiver Zeitverlust.

15 Punkt

ABCDEFGHI
JKLMNOPQR
STUVWXYZ
abcdefghijklm
nopqrstuvwxyz
1234567890
(äöü&!?$£@)

40 Punkt

Erbar
Jakob Erbar, 1930
www.linotype.com

GEO SANS LIGHT

Schriften, die bestimmten Stilarten angehören oder beschränkt-nationalen Charakter tragen, sind nicht elementar gestaltet und beschränken zum Teil die internationale Verständigungsmöglichkeit.

20 Punkt

ABCDEFGHI
JKLMNOPQR
STUVWXYZ
abcdefghijklm
nopqrstuvwxyz
äöü1234567890
(!?&ßß$£€¿¡¿)

40 Punkt

Geo Sans Light
Manfred Klein, 2003
www.moorstation.org/typoasis/designers/klein

TSCHICH

vir dürfen niht fergesen, das
vir an ainer vende der kultur
stehen, am ende ales alten

30 Punkt

abcdefghi
jklmnopqr
stuvwxyz
wzäöü
1234567890
l!?&ßssſ€J

50 Punkt

Tschich
Manfred Klein, 2002
www.moorstation.org/typoasis/designers/klein

DIN MITTELSCHRIFT

Zweck jeder Typographie ist Mitteilung.

Die Mitteilung muss in kürzester, einfachster,

eindringlichster Form erscheinen.

18 Punkt

ABCDEFGHI
JKLMNOPQR
STUVWXYZ
abcdefghijklm
nopqrstuvwxyz
1234567890
(äöü & fi fl ß $ £)

40 Punkt

DIN Mittelschrift
Ludwig Goller, 1925
www.adobe.com/type

»Misalliance«, Plakat,
Sandstorm Design, 2006

IWAN RESCHNIEV

Tschichold

110 Punkt

ABCDEFGHI
JKLMNOPQR
STUVWXYZ
abcdefghijklm
nopqrſstuvwxyz
äöü1234567890
[!!?&ßß$£€@]

45 Punkt

ELEMENTARE TYPOGRAFIE UND KONSTRUKTIVISMUS

P22 CONSTRUCTIVIST

ARCHITEKT

60 Punkt

ABCDEF
GHIJKL
MNOPQR
STUVW
XYZÄÖÜ
1234567890
(!?&B@$€@)

49 Punkt

P22 Constructivist
Richard Kegler, 2007
www.p22.com

P22 BAYER UNIVERSAL

ring neuer
werbegestalter

60 Punkt

abcdefg
hijklmno
pqrstuv
wxyzäöü
1234567890
(!?&ß$£€@)

55 Punkt

P22 Bayer Universal
Denis Kegler, Richard Kegler, 2007
Herbert Bayer, 1925
www.p22.com

»the Insanity of normality«,
Buchcover, Carin Goldberg, 1992

MAMMA GAMMA

less is more

80 Punkt

abcdefghi
jklmnopqr
stuvwxyz

abcdefghijklm
nopqrstuvwxyz
1234567890
(!?&@)

44 Punkt

Mamma Gamma
Jakob Fischer, 2003
www.pizzadude.dk

MODERNA

Collage

100 Punkt

ABCDEFGHI
JKLMNOPQR
STUVWXYZ

abcdefghijklm
nopqrstuvwxyz
"/!:·.

38 Punkt

Moderna
Fontalicious Fonts, 2002
www.fontalicious.com

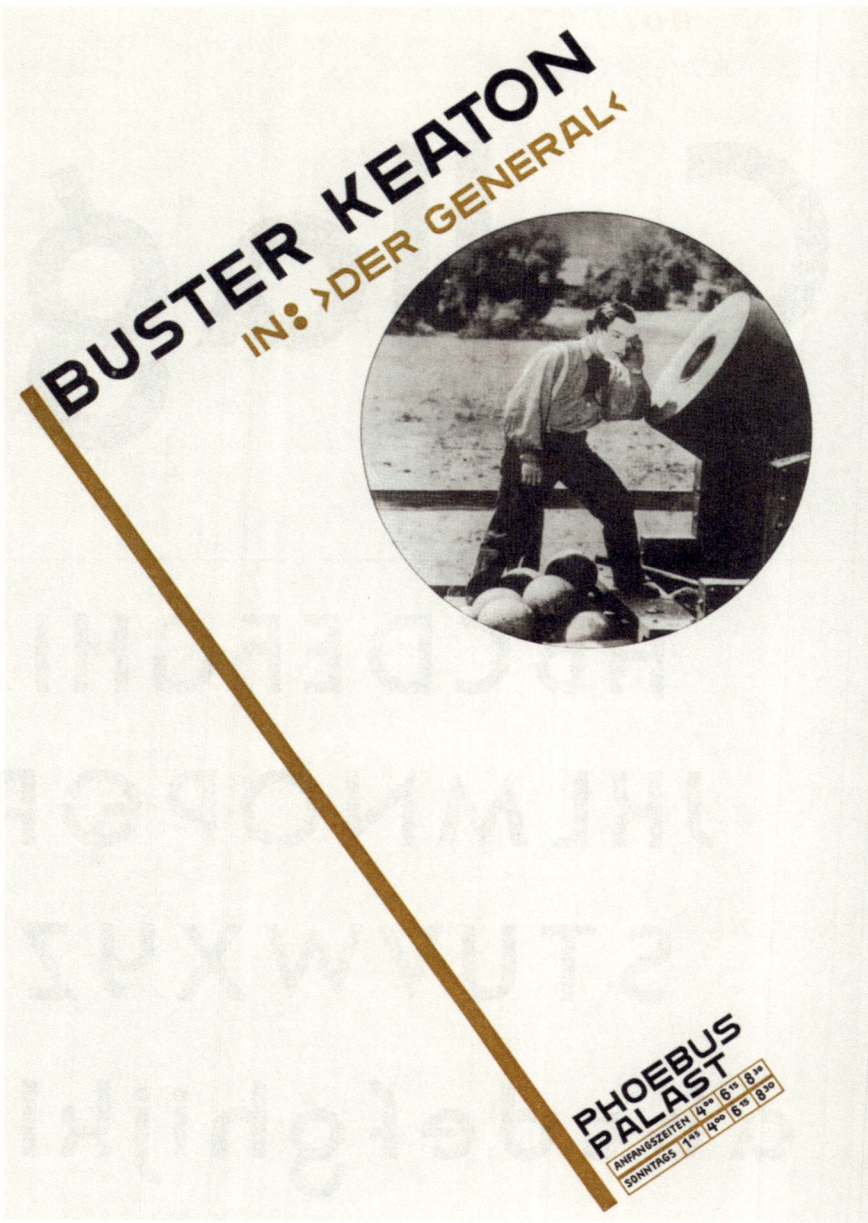

»Der General«, Plakat,
Jan Tschichold, 1927

BANK GOTHIC

Helden der
LEINWAND

30 / 80 Punkt

ABCDEFGHI
JKLMNOPQRS
TUVWXYZÄÖÜ
ABCDEFGHIJKLM
NOPQRSTUVWXYZ
1234567890
(&!?$£€:;*)

48 Punkt

Bank Gothic
Morris Fuller Benton, 1930
www.bitstream.com

GILL SANS

Innere Organisation ist Beschränkung auf die elementaren Mittel der Typographie: Schrift, Zahlen, Zeichen, Linien des Setzkastens und der Setzmaschine.

15 Punkt

ABCDEFGHI
JKLMNOPQR
STUVWXYZ
abcdefghijklm
nopqrstuvwxyz
1234567890
(äöü!?&ßfifl$£€)

43 Punkt

Gill Sans
Eric Gill, 1929
www.linotype

NOBEL

Amsterdam

85 Punkt

ABCDEFGHI
JKLMNOPQR
STUVWXYZ
abcdefghijklm
nopqrstuvwxyz
1234567890
(äöü!?&ß$£€@)

41 Punkt

Nobel
Fred Smeijers, 1992
Sjoerd Henrik de Roos, 1930
www.fontbureau.com

GOCA LOGOTYPE BETA

FLYER

110 Punkt

ABCDEFGH
IJKLMNO
PQRSTUV
WXYZ
1234567890
»!?®©@«

50 Punkt

Goca Logotype Beta
Jonas Borneland Hansen, 2008
www.dafont.com

»Southern Sessions«, Flyer,
C100 Purple Haze, 2006

DAS REICHT GUT

tsu jedem tsaitpunkt der
ferganenhait varen ale
variatsjonen des alten noi

30 Punkt

abcdefghi
jklmnopqr
stuvwxyz
1234567890
¡!?'„

65 Punkt

Das Reicht Gut
Matt Perkins, 1997
Jan Tschichold, 1929
www.dafont.com

ELEMENTARE TYPOGRAFIE UND KONSTRUKTIVISMUS

DIN SCHABLONIERSCHRIFT

GEHEIM!

115 Punkt

ABCDEFGHI
JKLMNOPQR
STUVWXYZ
1234567890
&!:;

58 Punkt

DIN Schablonierschrift
Marian Steinbach, 2004
www.dafont.com

ARMIN

METALL

130 Punkt

A B C D E F G H I
J K L M N O P Q R
S T U V W X Y Z
1 2 3 4 5 6 7 8 9 0
„" & ? $ '

55 Punkt

Armin
Romuald Kowalczyk, 2005
www.dafont.com

BD ALM

Kombi nation

59 Punkt

abcdefghi jklmnopqr stuvwxyz 1234567890 ("&!?#¥)

46 Punkt

BD Alm
Büro Destruct, 2001
www.typedifferent.com

P22 ALBERS

Metallglas

90 Punkt

ABCDEFGHI
JKLMNOPQR
STUVWXYZ
abcdefghijklm
nopqrstuvwxyz
äöü1234567890
()!?&·«»$€£@

43 Punkt

P22 Albers
Richard Kegler, 2007
Josef Albers, 1923
www.p22.com

ELEMENTARE TYPOGRAFIE UND KONSTRUKTIVISMUS

NYAMOMOBILE

stahlrohr

95 Punkt

abcdefghi
jklmnopqr
stuvwxyz
1234567890
äöü

55 Punkt

Nyamomobile
Vic Fieger, 2006
www.vicfieger.com

CD

»Laster der Menschheit«, Plakat,
Jan Tschichold, 1927

BIGNOODLETITLING

LASTER

175 Punkt

```
ABCDEFGHI
JKLMNOPQR
STUVWXYZ
ÄÖÜ FI FL
1234567890
(&!?$£€@)
```

50 Punkt

BigNoodleTitling
James Arboghast, 2003
www.dafont.com

FUTURA LT BLACK

Meisterschule
für Deutschlands Buchdrucker

65 / 30 Punkt

ABCDEFGHI
JKLMNOPQR
STUVWXYZ
abcdefghijklm
nopqrstuvwxyz
1234567890
(äöü!?&ß$£€@)

43 Punkt

Futura LT Black
Paul Renner, 1928
www.linotype.com

LAMIA

qualle

110 Punkt

abcdefg
hijklmn
opqrstu
vwxyz
1234567
890

48 Punkt

Lamia
Benoît Sjöholm, 2008
www.calamedesign.com

STUNTMAN

RUBEL

110 Punkt

ABCDEFGHIJKLM
NOPQRSTUVWXYZ
abcdefghijklm
nopqrstuvwxyz
1234567890
(ÄÖÜß!?†€@)

35 Punkt

Stuntman
Daniel Zadorozny, 2003
www.iconian.com

CD

Academy of Fine Arts Lodz,
Plakat, Jakub Stepien, 2003

Avenger

100 Punkt

40 Punkt

Avenger
Daniel Zadorozny, 2008
www.iconian.com

DEPTHCORE PUBLIC

105 Punkt

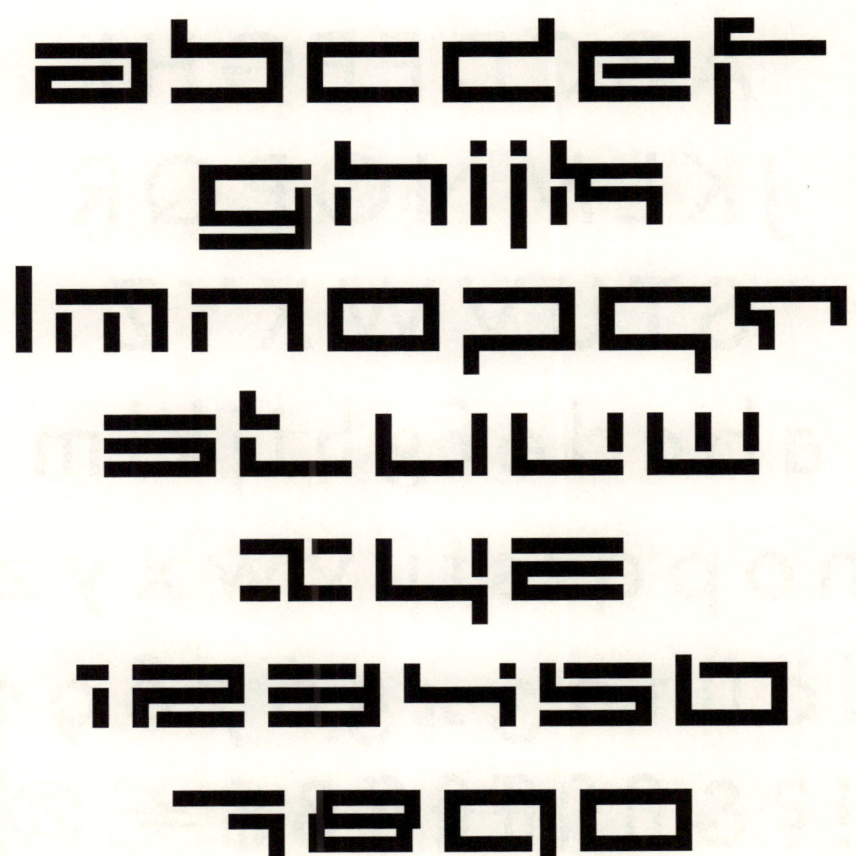

60 Punkt

Depthcore Public
Rob Janssen, 2002
www.dafont.com

FUTURA CLASSIC

Alternative Figuren
zeichnen diese Schrift aus

50 / 36 Punkt

ABCDEFGHI
JKLMNOPQR
STUVWXYZ
abcdefghijklm
nopqrstuvwxyz
äöü1234567890
(!?&fi fl ff ft ft ß $ € @)

38 Punkt

Futura Classic
Gert Wiescher, 2006
Paul Renner, 1928
www.wiescher-design.de

SPEEDLEARN

UNSUMME

95 Punkt

ABCDEFGHI
JKLMNOPQR
STUVWXYZ

AbCDEFGHIJKLM
NOPQRSTUVWXYZ
1234567890
ÄÖÜ!€.;

45 Punkt

Speedlearn
SDFonts, 2001
jump.to/sdfonts

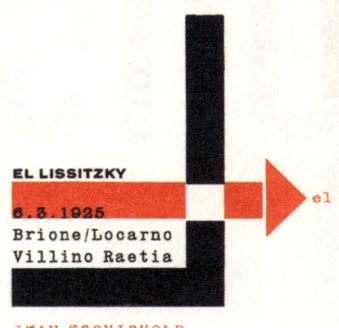

Briefkopf,
El Lissitzky, 1925

THANKS FOR
THANKS FOR
THANKS FOR
THANKS FOR
THANKS FOR
THANKS FOR
THANKS FOR
THANKS FOR
THANKS FOR
THANKS FOR
THANKS FOR
THANKS FOR
THANKS FOR

HE MEMORIES
HE MEMORIES
HE MEMORIES
HE MEMORIES
HE MEMORIES
HE MEMORIES
HE MEMORIES
HE MEMORIES
HE MEMORIES
HE MEMORIES
HE MEMORIES
HE MEMORIES
HE MEMORIES

ELEMENTARE TYPOGRAFIE UND KONSTRUKTIVISMUS

TURNPIKE

BRIEF

85 Punkt

ABCDEF
GHIJK
LMNOPQ
RSTUV
WXYZÄÖÜ
1234567890
(„&!?$£€")

40 Punkt

Turnpike
Font Diner, 2008
www.fontdiner.com

FÜHRERKULT UND VOLKSEMPFÄNGER

Traditionsverbundene Typografie

1933 — 1945

Tannenberg Fett
Dieter Steffmann
2002 | Seite 294

Nationalsozialismus

Fette
Trump-Deutsch
Dieter Steffman
2002 | Seite 287

Erste elektrische Schreibmaschine
von IBM aus dem Jahr 1933

5

Führerkult und Volksempfänger
Traditionsverbundene Typografie

circa 1933–1945

Als 1933 die Nationalsozialisten die Macht ergreifen, wird zunächst der Gebrauch der gebrochenen Schriften als »deutsche Schrift« propagiert und nur ein Jahr später für amtliche Drucksachen sogar verbindlich vorgeschrieben. Dennoch ist das typografische Erscheinungsbild des Dritten Reiches nicht so einheitlich wie allgemein angenommen. Zu der neoklassizistischen, monumentalen Architektur hätten die lateinischen Antiqua-Formen auch viel besser gepasst. Vielleicht ist das der Grund, warum die Kopfzeile des NSDAP-Kampfblattes »Völkischer Beobachter« in römischen Versalien gesetzt wurde. Auch entwickeln fortschrittliche Setzer die »Neue Typografie« weiter, so dass diese mitunter sogar in offizielle Drucksachen Eingang findet.

»Luftschutz!«, Plakat,
Ludwig Hohlwein, 1936

TRADITIONSVERBUNDENE TYPOGRAFIE

Führerkult und Volksempfänger
Traditionsverbundene Typografie

circa 1933–1945

Werbedeutsch
Dieter Steffmann
2002 | Seite 289

Einige Schriftgestalter beschäftigen sich mit einer neuen Form der Gebrochenen. Diese Schriftentwürfe – der DIN-Norm entsprechend als »Neu-Gotisch« kategorisiert – entsprechen dem Geist der dreißiger Jahre. Der Typus dieser Schriften hat den Formenkanon der Textura stark vereinfacht. Ähnlich wie sich die Grotesk aus Vereinfachung der Antiqua entwickelt hat, entstehen diese Entwürfe durch Reduktion der bestehenden historischen Vorbilder. Merkmale sind die Betonung der Senkrechten, welche das Schriftbild wie balkenartig aneinandergereiht wirken lässt, und die scharfkantige Verbindung der Linien. So kann sie – vor allem in fetten Stärken und großen Graden – sehr martialisch wirken. Schriftsetzer ihrer Zeit tauften sie ironisch »Schaftstiefelgrotesk«.

Jahre lang propagierte die Partei die gotischen Lettern als »deutsche Schrift«, so dass schließlich die ganze Schriftgattung als »Nazi-Schriften« ins kollektive Gedächtnis aufgenommen wurde. Und das, obwohl Hitlers Stellvertreter Martin Bormann 1941 jenes geheime, aber mittlerweile allgemein bekannte Rundschreiben aufsetzt, in dem nun die gebrochenen Schriften plötzlich als »Schwabacher Judenlettern« verteufelt werden. In der Folge dürfen Behörden nur noch Antiqua, die als »Normal-Schrift« bezeichnet wird, verwenden. Und obwohl der sogenannte »Normalschrifterlass« kein richtiges Verbot darstellt, hinterlässt er einen bleibenden Eindruck beim grafischen Gewerbe.

Darüber hinaus haben sich auch unter dem nationalsozialistischen Diktat serifenlose Schriften prominenter Aufgaben erfreut. So ist die Futura, deren Schöpfer Paul Renner von den Nazis als Kulturbolschewist gebrandmarkt wurde, die Schrift der Deutschen Reichsbahn. 1936 dient ein ähnlicher Entwurf für Plakate der Olympischen Spiele.

Schriften

Berthold City
Serifenbetonte Linearantiqua

Ihre Formen basieren auf der serifenlosen Linearantiqua. Alle Senkrechten, Rundungen und Serifen haben optisch die gleichen Strichstärken. Ihr Duktus ist daher robust und sehr stabil.

Merkmale

Tannenberg
Neu-Gotische Schriften

Die Neu-Gotischen Schriftentwürfe können als typische Schriften für die Jahre bis 1941 gelten. Sie stellen den Versuch dar, die Formen der historischen Textura zu abstrahieren.

Merkmale

Fette Thannhaeuser
Fraktur

Auch jenseits des Versuchs, die gebrochene Schriftform über das Tradierte hinauszutragen, entsteht eine Reihe von Schriftentwürfen. An ihnen lässt sich der Zeitgeist weniger scharf ablesen.

Merkmale

Candida
Antiqua-Varianten

Die klassizistischen Ausprägungen dieser Antiqua-Varianten wurden zugunsten des Zeitgeschmacks zurückgenommen. Vor allem in fetten Schnitten beliebt, wirken sie manchmal etwas sperrig.

Merkmale

SavingsBond
Serifenlose Schriften

Viele serifenlose Schriften der dreißiger Jahre wirken massiv und in mancher Form grob konstruiert. Für den Mengensatz ohnehin ungeeignet, dürfen es schmale und fette Schnitte sein.

Merkmale

Merkmale

zum Beispiel:
Berthold City Bold
Georg Trump
1930 | Seite 275

zum Beispiel:
Tannenberg Fett
Dieter Steffmann
2002 | Seite 294

zum Beispiel:
Fette Thannhaeuser
Dieter Steffmann
2001 | Seite 286

zum Beispiel:
Candida Bold
Jakob Erbar
1936 | Seite 318

zum Beispiel:
SavingsBond
Harold Lohner
1998 | Seite 330

Schriften
Der nationalsozialistischen Propaganda entsprechen am ehesten die Neu-Gotischen Schriften, umgangsprachlich auch »Schaftstiefelgrotesk« genannt. Die schlichten Gebrochenen dienen vor allem als Auszeichnungsschriften, als Alternative für Grotesk- und Antiqua-Schnitte. Für den Mengensatz werden größtenteils Fraktur und Schwabacher verwendet. Nach dem »Normalschrifterlass« häufen sich Entwürfe mit Antiqua-Schriften, während die Anwendung gebrochener Schriften seltener wird.

Satz und Illustration
Titelseiten und Anzeigen setzt man in der Regal auf Mittelachse. Einzelne Zeilen, vor allem in der Plakatgestaltung, werden sehr mächtig, in großen Schriftgraden gestaltet. Als Illustrationen gibt man Holzschnitten und Aquarellen mit idealisierten Motiven den Vorzug.

Ornament
Runenartige Ornamente, Holzschnitte und Adler findet man als typografischen Zierrat. Auch das Hakenkreuz wird dekorativ eingesetzt, zum Beispiel zur Bordüre zusammengebaut oder als Schmuckelement in jeder Ecke des Formats.

»Reichs-Gartenschau Stuttgart«,
Plakat, 1939

TRADITIONSVERBUNDENE TYPOGRAFIE

BERTHOLD CITY BOLD

Spatenstich

80 Punkt

ABCDEFGHI
JKLMNOPQR
STUVWXYZ
abcdefghijklm
nopqrstuvwxyz
1234567890
äöü&fiflß$£

40 Punkt

Berthold City Bold
Georg Trump, 1930
www.bertholdtypes.com

BETON

It consists of a photographic reproduction camera, which carries on a glass disc, measuring 27 x 33 cm, the characters being dealt with at the time, and projects them for setting-up in any suitable size on 35 mm film strip.

15 Punkt

ABCDEFGHI
JKLMNOPQR
STUVWXYZ
abcdefghijklm
nopqrstuvwxyz
1234567890
(äöü!?&ß$£)

43 Punkt

Beton
Heinrich Jost, 1931
www.linotype.com

STYMIE

Blitzschutz isolierfähig haltbar

50 Punkt

ABCDEFGHI
JKLMNOPQR
STUVWXYZ
abcdefghijklm
nopqrstuvwxyz
1234567890
(äöü!?&ß$£)

43 Punkt

Stymie
Morris Fuller Benton, 1931
www.linotype.com

FÜHRERKULT UND VOLKSEMPFÄNGER

MAGNUM

MARGARINE

90 Punkt

ABCDEFGHI
JKLMNOPQR
STUVWXYZ

ABCDEFGHIJKLM
NOPQRSTUVWXYZ
1234567890
[!?&$:;]

45 Punkt

Magnum
Fontalicious Fonts, 2001
www.fontalicious.com

☞ CD

»The Black Keys«, Plakat,
Dan Ibarra, Michael Byzewski, 2004

FÜHRERKULT UND VOLKSEMPFÄNGER

PLAK

Brauerei

95 Punkt

ABCDEFGHI
JKLMNOPQR
STUVWXYZ
abcdefghijklm
nopqrstuvwxyz
1234567890
(äöü!?&ß$£€@)

40 Punkt

Plak
Paul Renner, 1930
www.linotype.com

TRADITIONSVERBUNDENE TYPOGRAFIE

BELL GOTHIC BLACK

Hinterzimmer

70 Punkt

ABCDEFGHI
JKLMNOPQR
STUVWXYZ
abcdefghijklm
nopqrstuvwxyz
1234567890
(äöü!?&ß$£)

38 Punkt

Bell Gothic Black
Chauncey H. Griffith, 1937
www.bitstream.com

Herren mit starkem Bartwuchs

schonen ihre Klingen durch Verwendung der „Peri Rasier-Creme" Dieses Radikalmittel bezwingt den stärksten Bart. Reichliche Anwendung von Wasser beim Einpinseln macht das Haar besonders weich; der sahnige Schaum erweicht die Haare bis in die Haarwurzeln. Nur ein Pinsel, kein Rasierbecken, ist erforderlich. Eine Minute Einschäumen mit warmem oder kaltem Wasser genügt, um den Bart schnittreif zu machen. Einreiben mit den Fingern ist überflüssig; denn „Peri Rasier-Creme" schafft's ganz allein. Unnötig ist das Vor- und Nachbehandeln der Haut; denn die Haut wird nicht gereizt. „Peri" spart Zeit und Geld und vermeidet viel Ärger. Darum werden auch Sie Perianer!

Dr. Albersheim's
Peri Rasier-Creme

»Peri Rasier-Creme«,
Anzeige, um 1930

PILSEN PLAKAT

Durchfchlag

75 Punkt

ABCDEFGHI
JKLMNOPQR
STUVWXYZ
abcdefghijklm
nopqrstuvwxyz
1234567890
(äöü!?&fifchfß$£)

35 Punkt

Pilsen Plakat
Dieter Steffmann, 2000
www.steffmann.de

POST-ANTIQUA

Es ist ein Gebot der Klugheit, geistige Nahrung nur aus erster Hand zu nehmen. Der Körperkultur folgt die Pflege der Seele und des Geistes. Man begreift heute, nur dann ist die Gesundung des Lebens möglich.

15 Punkt

ABCDEFGHI
JKLMNOPQR
STUVWXYZ
abcdefghijklm
nopqrstuvwxyz
1234567890
(äöü!?&fiflß$£)

40 Punkt

Post-Antiqua
Herbert Post, 1932
www.adobe.com/type

ALBERTUS

Zoologischer Garten

65 Punkt

ABCDEFGHI
JKLMNOPQR
STUVWXYZ
abcdefghijklm
nopqrstuvwxyz
1234567890
(äöü!?&ß$£)

40 Punkt

Albertus
Berthold Wolpe, 1940
www.adobe.com/type

FETTE THANNHAEUSER

Für Werbemittel, Verpackungen und Kartonagen wird im neuen Deutschland zäh an ihren alten Aufgaben sowohl zum Wohle des deutschen Graphikers als auch des Fabrikanten von Werbe- und Verpackungsmitteln festgehalten.

15 Punkt

ABCDEFGHI
JKLMNOPQR
STUVWXYZ
abcdefghijklm
nopqrstuvwxyz
äöü1234567890
(!?& fi fl sch ch ck ß $ £ †)

38 Punkt

Fette Thannhaeuser
Dieter Steffmann, 2001
Herbert Thannhaeuser, 1937/38
www.steffmann.de

FETTE TRUMP-DEUTSCH

Eine malerische Schrift von Georg Trump, dem Leiter der Münchner Meisterschule, entwickelt aus der alt-englischen Gotisch zu einem neuen Eigenleben voller Formenreichtum.

14 Punkt

ABCDEFGHI
JKLMNOPQR
STUVWXYZ
abcdefghijklm
nopqrstuvwxyz
äöü1234567890
!?&fi fl ff sch ss st ch ck ß @

36 Punkt

Fette Trump-Deutsch
Dieter Steffmann, 2002
Georg Trump, H. Berthold, 1936
www.steffmann.de

DEUTSCH-GOTISCH

Auskunft

90 Punkt

A A B C D E F G H
J K L M N O P Q R
S T U V W X Y Z
a b c d e f f g h i j k l m
n o p q r s t u v w x y z
ä ö ü 1 2 3 4 5 6 7 8 9 0
! ? & fi fl ft ss st ch ck

40 Punkt

Deutsch-Gotisch
Dieter Steffmann, 2002
www.steffmann.de

CD

WERBEDEUTSCH

Nicht alles kann und darf Schema sein!
Eigenart ist das, was uns immer interessiert.
Auch bei der Schrift sagt uns die persönliche
Form mehr, und gerade bei einer deutschen Schrift
wird sie uns immer besser gefallen.

15 Punkt

ABCDEFGHI
JKLMNOPQR
STUVWXYZ
abcdefghijklm
nopqrstuvwxyz
äöü1234567890 ch ck
! ? & ff ft fl fi sch ß @

36 Punkt

Werbedeutsch
Dieter Steffmann, 2002
Herbert Thannhaeuser, 1934
www.steffmann.de

»Deutsche Reichspost«, Plakat,
Ludwig Hohlwein, 1935

TRADITIONSVERBUNDENE TYPOGRAFIE

POTSDAM

Reichspost

90 Punkt

ABCDEFGHI
JKLMNOPQR
STUVWXYZ
abcdefghijklm
nopqrfstuvwxyz
äöü1234567890
!?ki ist ss sch ch ß @ :;

36 Punkt

Potsdam
Manfred Klein, 2005
Robert Golpon, 1934
www.moorstation.org/typoasis/blackletter

ELEMENT SCHMALFETT

Wir dürfen nicht
das Erbe der Väter plündern,
wir müssen
eine neue Kunst schaffen

30 Punkt

ABCDEFGHI
JKLMNOPQR
STUVWXYZ
abcdefghijklm
nopckrsstuvwxyz
äöü1234567890
!?&ff tt st ss si ft sch ß € @

38 Punkt

Element Schmalfett
Gerhard Helzel, 1998
Max Bittrof, 1933
www.romana-hamburg.de

TRADITIONSVERBUNDENE TYPOGRAFIE

NATIONAL SCHMAL

königssee

100 Punkt

ABCDEFGHI
JKLMNOPQR
STUVWXYZ
abcdefghijklm
nopqrsstuvwxyz
äöü1234567890
!?&chckßstssfifffß€

40 Punkt

National Schmal
Gerhard Helzel, 2008
Walter Höhnisch, 1934
www.romana-hamburg.de

TANNENBERG FETT

Der echte Ausdruck neuer Deutscher
Formgebung

27 / 80 Punkt

ABCDEFGHI
JKLMNOPQR
STUVWXYZ
abcdefghijklm
nopqrſstuvwxyz
äöü1234567890
!?&tzftchckßſlffsch ß

40 Punkt

Tannenberg Fett
Dieter Steffmann, 2002
Erich Meyer, 1933–35
www.steffmann.de

Aktion gegen neofaschistische
Propaganda im Internet, Plakat,
Uwe Lösch, 2000

FANFARE

Schlagzeile

85 Punkt

ABCDEFGHI
JKLMNOPQR
STUVWXYZ
abcdefghijklm
nopqrstuvwxyz
äöü 1234567890
(&ß!?$£)

45 Punkt

Fanfare
Louis Oppenheim, 1927
www.linotype.com

TRADITIONSVERBUNDENE TYPOGRAFIE

NEULAND

STEIN METZ

80 Punkt

ABCDEFGHI
JKLMNOP
QRSTUVWX
YZÄÖÜ
1234567890
(&!?$£€@)

45 Punkt

Neuland
Rudolf Koch, 1922
www.adobe.com/type

»Stahlhof Dortmund«,
Anzeige, 1930

MEMPHIS

Stahlbau

90 Punkt

ABCDEFGHI
JKLMNOPQR
STUVWXYZ
abcdefghijklm
nopqrstuvwxyz
1234567890
(äöü!?&ß$£)

40 Punkt

Memphis
Rudolf Wolf, 1930
www.linotype.com

FLAMME

Sonntagsbeilage

85 Punkt

ABCDEFGHI
JKLMNOPQR
STUVWXYZ
abcdefghijklm
nopqrstuvwxyz
äöü1234567890
(&fiflß!?$£€)

50 Punkt

Flamme
Alan Meeks, 1993
www.linotype.com

MATURA MT

Historische Werke

52 Punkt

ABCDEFGHI
JKLMNOPQR
STUVWXYZ
abcdefghijklm
nopqrstuvwxyz
äöü1234567890
(&fiflß!?$£€)

47 Punkt

Matura MT
Imre Reiner, 1938
www.linotype.com

FÜHRERKULT UND VOLKSEMPFÄNGER

BLACKHAUS

Omnibus

115 Punkt

ABCDEFGHI
JKLMNOPQR
STUVWXYZ
abcdefghhijkklm
noppqrrſsttuvwxyz
äöü1234567890
(!?&ffſtßſ$£@)

38 Punkt

Blackhaus
Patrick Griffin, 2005
Peterpaul Weiß, 1937
www.canadatype.com

WEISS RUNDGOTISCH

Ja, Sie werden sogar den Wunsch haben,
auch anderen das eindrucksvolle Werbestück zu zeigen,
und damit die Werbewirkung für den Absender
ungewollt vermehrfachen.

18 Punkt

ABCDEFGHI
JKLMNOPQR
STUVWXYZ
abcdefghijklm
nopqrſstuvwxyz
äöü1234567890
(!?&ß$£*)

45 Punkt

Weiss Rundgotisch
Dieter Steffmann, 1998
Emil Rudolf Weiss, 1937
www.steffmann.de

LEATHER

Gotika

150 Punkt

ABCDEFGHI
JKLMNOPQR
STUVWXYZ

abcdefghijklm
nopqrſstuvwxyz
äöü1234567890
!?&ﬀﬁﬂﬃﬄchckßS€£¤

36 Punkt

Leather
Patrick Griffin, 2005
»Gotika«, Imre Reiner, 1933

Marilyn Manson,
Logo, um 2005

»Deutsches Rapsfett«,
Werbeanzeige, 1940

BRAHMS-GOTISCH

Man sagt über Johannes Brahms, seine Musik sei persönlich und männlich, oft schlicht und einfach, dem Volksmäßigen verwandt, dann wieder ungewöhnlich in ihrer Mannigfaltigkeit, immer aber prägnant und fest geformt. Sind das nicht Worte, die man auch über diese schöne gotische Buchschrift setzen könnte?

16 Punkt

ABCDEFGHI
JKLMNOPQR
STUVWXYZ
abcdefghijklm
nopqrstuvwxyz
äöü1234567890
!?&fißtzffssftß:;

32 Punkt

Brahms-Gotisch
Heinz Beck, 1937
www.moorstation.org/typoasis/blackletter

GOTENBURG A

Reichstag

125 Punkt

ABCDEFGHI
JKLMNOPQR
STUVWXYZ
abcdefghijklm
nopqrſstuvwxyz
äöü1234567890
!?&ſchfifl$

45 Punkt

Gotenburg A
Dieter Steffmann, 2002
Friedrich Heinrichsen, 1935–37
www.steffmann.de

TRADITIONSVERBUNDENE TYPOGRAFIE

BERNHARD-FRAKTUR EXTRAFETT

95 Punkt

ABCDEFGH
IJKLMNOPQR
STUVWXYZ
abcdefghijklm
nopqrsſtuvwxyz
äöü1234567890
.,!?&ch ck ſch ſſ ß Z

35 Punkt

Bernhard-Fraktur Extrafett
Gerhard Helzel, 2003
Lucian Bernhard, 1921
www.romana-hamburg.de

»Das Blatt der Hausfrau« (»Brigitte«),
Zeitschriftencover, 1934

TRADITIONSVERBUNDENE TYPOGRAFIE

NORDLAND

Ehegatte

145 Punkt

ABCDEFGHI
JKLMNOPQR
STUVWXYZ
abcdefghijklm
nopqrsstuvwxyz
äöü 1234567890
(! ? & ß ch ck ff tz ph €)

40 Punkt

Nordland
Heinz Beck, 1935
Petra Heidorn, 2005
www.moorstation.org/typoasis/blackletter

FÜHRERKULT UND VOLKSEMPFÄNGER

NOUGAT

Bureau

105 Punkt

ABCDEFGHI
JKLMNOPQR
STUVWXYZ
abcdefghijklm
nopqrstuvwxyz
äöü1234567890
(&ﬃ!?$£*)

42 Punkt

Nougat
Dieter Steffmann, 2000
www.steffmann.de

LOUISIANNE

Boutique

95 Punkt

ABCDEFGHI
JKLMNOPQR
STUVWXYZ
abcdefghijklm
nopqrstuvwxyz
äöü1234567890
(„&!?$£§")

42 Punkt

Louisianne
Dieter Steffmann, 2000
www.steffmann.de

OKAY

Käsetheke

105 Punkt

ABCDEFGHI
JKLMNOPQR
STUVWXYZ
abcdefghijklm
nopqrstuvwxyz
äöü1234567890
(»!?&ß£$:;«)

45 Punkt

Okay
Edwin W. Shaar, 1939
www.linotype.com

FLASH

Angebot

120 Punkt

ABCDEFGHI
JKLMNOPQR
STUVWXYZ
abcdefghijklm
nopqrstuvwxyz
äöü1234567890
(»!?&ß£$:;«)

45 Punkt

Flash
Edwin W. Shaar, 1939
www.urwpp.de

TIEMANN

Wenn Sie wüßten, wie roh selbst gebildete Menschen sich gegen die schätzbarsten Kunstwerke verhalten, Sie würden mir verzeihen, wenn ich die meinigen nicht unter die Menge bringen mag.

16 Punkt

ABCDEFGHI
JKLMNOPQR
STUVWXYZ
abcdefghijklm
nopqrstuvwxyz
1234567890
äöü!?&fiflß$£€:;

40 Punkt

Tiemann
Walter Tiemann, 1923
www.linotype.com

Teppichhaus Repper,
Plakat und Logo, Leslie Cabarga,
um 2000

CANDIDA BOLD

Das Heim ist die erste und wichtigste Schule des Charakters. Hier erhält der Mensch seine beste oder schlechteste Erziehung; denn hier werden all die Grundsätze jenes Benehmens aufgenommen, das uns durch das reifere Alter begleitet und erst mit unserem Leben endigt.

15 Punkt

ABCDEFGHI
JKLMNOPQR
STUVWXYZ
abcdefghijklm
nopqrstuvwxyz
1234567890
(äöü!?&ß$£)

41 Punkt

Candida Bold
Jakob Erbar, 1936
www.adobe.com/type

RENNER ANTIQUA

Gartenblumen aller Art
Dahlien in 43 Sorten
Rosen, Petunien, Nelken

41 Punkt

ABCDEFGHI
JKLMNOPQR
STUVWXYZ
abcdefghijklm
nopqrstuvwxyz
äöü1234567890
(! ? & fi fl ß $ £ € @ : ;)

41 Punkt

Renner Antiqua
Patrick Strietzel, 2008
Paul Renner, 1939
www.linotype.com

BERNHARD MODERN

Photography gives concrete form to the subtles thoughts. It has the gift of imparting to the dullest, most mechanical and impersonal things the sensitiveness and poetry which admits them into our dreams.

15 Punkt

ABCDEFGHI
JKLMNOPQR
STUVWXYZ
abcdefghijklm
nopqrstuvwxyzäöü
1234567890
(„&fiflß!?$£€†")

45 Punkt

Bernhard Modern
Lucian Bernhard, 1929
www.bitstream.com

BERNARD MT CONDENSED

New model hosiery. Dresses direct from Paris.
Stylish imported velour hats.
Pottery brass bed piano.
Beautyful chinese rugs linoleum.

15 Punkt

ABCDEFGHIJKLM
NOPQRSTUVWXYZ
abcdefghijklm
nopqrstuvwxyzäöü
1234567890
(»&fiflß!?$£€†*«)

40 Punkt

Bernard MT Condensed
Lucian Bernard, 1912
www.myfonts.com

WOODENNICKELBLACK

Speisewagen

55 Punkt

ABCDEFGHI
JKLMNOPQR
STUVWXYZ
abcdefghijklm
nopqrstuvwxyz
1234567890
(äöü&ß!?$£€@)

35 Punkt

TRADITIONSVERBUNDENE TYPOGRAFIE

METROLINER

CASINO

80 Punkt

ABCD
EFGHIJK
LMNOP
QRSTUV
WXYZ

55 Punkt

Metroliner
Jonathan Macagba, 1994
www.dafont.com

☞ CD

EDITION

WETTBUREAU

110 Punkt

ABCDEFGHI
JKLMNOPQR
STUVWXYZ
1234567890
[!?&$@:;]

60 Punkt

Edition
1992
www.dafont.com

ONYX

Olympia

160 Punkt

ABCDEFGHIJKLM
NOPQRSTUVWXYZ
abcdefghijklm
nopqrstuvwxyz
äöü 1 2 3 4 5 6 7 8 9 0
(» ! ? & ß £ $: ; «)

45 Punkt

Onyx
Gerry Powell, 1937
www.linotype.com

Zigarettenfabrik Delta,
Anzeige, 1930

ROCKWELL

Schall und Rauch

65 Punkt

ABCDEFGHI
JKLMNOPQR
STUVWXYZ
abcdefghijklm
nopqrstuvwxyz
1234567890
(äöü!?&ß$£)

40 Punkt

Rockwell
Monotype Design Studio, 1934
www.linotype.com

BLOCK BERTHOLD

Ringmeßhaus

85 Punkt

ABCDEFGHI
JKLMNOPQR
STUVWXYZ
abcdefghijklm
nopqrstuvwxyz
1234567890
(äöü&!?$£*)

40 Punkt

Block Berthold
H. Hoffmann, 1908–1927
www.adobe.com/type

RUNDFUNK GROTESK

Funknetz

85 Punkt

ABCDEFGHI
JKLMNOPQR
STUVWXYZ
abcdefghijklm
nopqrstuvwxyz
1234567890
(äöü&!?$£€@)

45 Punkt

Rundfunk Grotesk
Linotype Design Studio, 1933/35
www.linotype.com

SAVINGSBOND

Putzteufel

100 Punkt

ABCDEFGHI
JKLMNOPQR
STUVWXYZ
abcdefghijklm
nopqrstuvwxyz
äöü1234567890
!?£ßE$€:;

42 Punkt

SavingsBond
Harold Lohner, 1998
www.haroldsfonts.com

☞ CD

Clean & Co. LLC, Verpackung,
Sharon Werner, Sarah Nelson,
um 2000

Fünfziger Jahre

Wiederaufbau
1945 – 1960

Corvinus
Imre Reiner
1934 | Seite 379

Champion
Günter Gerhard Lange
1957 | Seite 345

Das Fotosatzgerät Diatype wurde in den Jahren 1952 bis 1960 hergestellt

Petticoat und Rock'n'Roll
Organisches Design und kalligrafischer Stil

circa 1945–1960

Nach dem Ende des Zweiten Weltkrieges liegt Deutschland in Trümmern. Zahllose Kriegsgefallene, nicht heimkehrende Kriegsgefangene, Flucht und dann Vertreibung, akute Wohnungsnot, Hunger und Kälte – in diesem Klima kümmert sich zunächst niemand um Typografie. Als Gestalter wieder damit beginnen, Orientierung zu suchen, ist das Ende der Zweischriftigkeit in Deutschland längst besiegelt. Die Besatzer konnten die gebrochenen Schriften ohnehin nicht lesen, und man wollte wohl auch nicht missverstanden werden, war doch die Entnazifizierung in vollem Gange. Schließlich hat man auch den Wunsch, sich dem internationalen Standard anzuschließen, dem die lateinischen Lettern eher entsprechen.

»Vier Perlen«,
Plakat, 1952

Petticoat und Rock'n'Roll
Organisches Design
und kalligrafischer Stil

circa 1945–1960

GypsyRose
2000 | Seite 376

Rückblickend erscheinen Plakat- und Pinselschriften sehr präsent. Schriftentwürfe dieser Art sind jedoch kein Novum der Fünfziger. Schon sehr viel früher arbeitet die Werbung mit Schriften, die den raschen Pinselschwung simulieren. Jedoch werden sie in der Nachkriegsepoche zur Mode erhoben und somit auch viele Neuschnitte hergestellt. Daneben sieht man mehr und mehr auch die dem Schreiben mit der Feder nachempfundenen Schriften.

Die klassizistische Antiqua, in ihren extremsten Schnitten – extraschmal, extrafett, extrabreit –, erlebt ebenfalls eine Renaissance. Jedoch weniger die klassischen, strengen Schriften – etwas verspielter darf es schon sein, was mitunter zu originellen Entwürfen führt. So werden die Flächen etwa mit floralen Mustern gefüllt. Andere Entwürfe stauchen die Buchstaben bis ins Extreme oder verleihen ihnen durch Modifikation der Grundformen eine neue Interpretation. Der extreme Kontrast zwischen Haarlinie und Abstrich mag der damaligen Vorliebe entsprechen, wenn man den Vergleich zu Möbeldesign (Nierenformen mit sehr dünnen Beinen) und Kunst versucht.

Die Serifenbetonte, gelegentlich schattiert oder erhöht, erfreut sich auch einiger Beliebtheit. Sie verleiht zum Beispiel dem amerikanischen Rock'n'Roll und dem Jazz ein typografisches Gesicht. Zeitschriften nutzen ihre plakative Wirkung für Titelblätter, und auch viele Logos und Werbeanzeigen dürfen selbstbewusst serifenbetont auftreten.

Schriften

Reporter
Plakat- und Pinselschriften

Diese Schriften simulieren den spontanen, raschen Pinselschwung. Ihre dynamische und doch robuste Form repräsentiert die Nachkriegstypografie wie kaum eine andere Schriftgattung.

Merkmale

Diskus
Kalligrafische Schriften

Vom allgemeinen Duktus bleiben diese Schriftentwürfe sehr nahe an den traditionellen Schreibschriften des vorhergehenden Jahrhunderts. Sie sind dem Schreiben mit der Feder nachempfunden.

Merkmale

Airstream
Schreibschriften mit konstruiertem Charakter

Das typografische Äquivalent zum »Stromlinien«-Design sind diese konstruiert wirkenden Schreibschriften. Ihr besonderer Duktus entsteht durch die Buchstabenverbindungen an der Grundlinie.

Merkmale

Trump Gothic
Schmale serifenlose Schriften

In den fünfziger Jahren wird gerne zu einem bestimmten Typus von Grotesk-Schriften gegriffen, die sich durch schmale Buchstaben, enge Punzen und eine hohe x-Höhe auszeichnen.

Merkmale

Schadow
Antiqua-Varianten

Antiqua-Varianten der Zeit lehnen sich gerne an serifenbetonte, klassizistische oder kalligrafische Schriften an. Oft sind sie verspielter und dekorativer als ihre Vorbilder.

Merkmale

SAPHIR
Klassizistische Antiqua

Im bestehenden Fundus klassizistischer Schriften greift man mit Vorliebe zu fetten, schmalen Schnitten. Neuentwürfe der Zeit sind durchaus verspielter und weniger streng als die Originale.

Merkmale

Merkmale

zum Beispiel:
Reporter Two
Carlos Winkow
1938 | Seite 353

zum Beispiel:
Diskus
Martin Wilke
1938 | Seite 339

zum Beispiel:
Airstream
Nick Curtis
2000 | Seite 364

zum Beispiel:
Trump Gothic (East)
Georg Trump
1955 | Seite 382

zum Beispiel:
Schadow Black
Georg Trump
1952 | Seite 360

zum Beispiel:
Saphir
Hermann Zapf
1950 | Seite 377

Schriften
Im Mengensatz haben die gebrochenen Schriften ausgedient, hier kommt nur noch Antiqua und gelegentlich Grotesk in Frage.

Für Plattencover, Plakate, Anzeigen und Logos sind neben Plakat- und Pinselschriften auch Schreib- und Kalligrafieschriften sehr beliebt. Die klassizistische Antiqua feiert ihr Comeback nicht ihrer Tradition gemäß im Mengensatz, sondern im Display-Bereich. Hier findet man auch serifenbetonte Schriftentwürfe in lichten Schnitten.

Satz und Illustration
Zeilen in den beliebten Pinselschriften stellt man gerne schräg, um den Duktus des spontan Hingeschriebenen zu bekräftigen. Monochrome Schwarz-Weiß-Illustrationen mit hartem Licht kommen in Mode. Außerdem werden Bücher gerne mit – aus Kostengründen oft handgefertigten – Linolschnitten oder einfachen Farbflächen illustriert.

Ornamente
Die organische Form, insbesondere die Nierenform, findet sich als Fläche in Komposition mit dünnen Linien in zahlreichen Entwürfen.

»Die Sünderin«,
Plakat, um 1950

DISKUS

Hildegard

105 Punkt

ABCDEFGHI
JKLMNOPQR
STUVWXYZ

abcdefghijklm
nopqrstuvwxyzäöü
1234567890
(!?fl fi & ß £ $)

38 Punkt

Diskus
Martin Wilke, 1938
www.linotype.com

PETTICOAT UND ROCK'N'ROLL

BOULEVARD

Smaragd

90 Punkt

A B C D E F G H I
J K L M N O P Q R
S T U V W X Y Z
a b c d e f g h i j k l m
n o p q r s t u v w x y z
ä ö ü 1 2 3 4 5 6 7 8 9 0
(» ! ? fi fl & ß £ $ «)

32 Punkt

Boulevard
Günter Gerhard Lange, 1955
www.adobe.com/type

CHARME

Tütenlampe

95 Punkt

ABCDEFGHI
JKLMNOPQR
STUVWXYZ
abcdefghijklm
nopqrstuvwxyz
äöü1234567890
(!?fifl&ß£$:;)

42 Punkt

Charme
Helmut Matheis, 1957
www.adobe.com/type

FORELLE

Virtuose

130 Punkt

A B C D E F G H I
J K L M N O P Q R
S T U V W X Y Z
a b c d e f g h i j k l m
n o p q r s t u v w x y z
ä ö ü 1 2 3 4 5 6 7 8 9 0
(! ? & ß £ $: ;)

45 Punkt

Forelle
Dieter Steffmann, 2000
www.steffmann.de

CD

MARCELLE SCRIPT & SWASHES

100 Punkt

ABCDEFGHI
JKLMNOPQR
STUVWXYZ
abcdefghijklm
nopqrstuvwxyz
1234567890
('?&*:;)

45 Punkt

Marcelle Script & Swashes
StereoType, 2003
www.stereo-type.net

MISTRAL

Urlaubsfieber

90 Punkt

ABCDEFGHI
JKLMNOPQR
STUVWXYZ
abcdefghijklm
nopqrstuvwxyz
äöü1234567890
(»fifl!?&ß£$€«)

45 Punkt

Mistral
Roger Excoffon, 1953
www.adobe.com/type

CHAMPION

Buchauslage

95 Punkt

ABCDEFGHI
JKLMNOPQR
STUVWXYZ
abcdefghijklm
nopqrstuvwxyz
äöü1234567890
»!?&ß$£«

42 Punkt

Champion
Günter Gerhard Lange, 1957
www.linotype.com

BULLPEN 3D

Bärenstark

60 Punkt

ABCDEFGHI
JKLMNOPQR
STUVWXYZ
abcdefghijklm
nopqrstuvwxyz
äöü1234567890
!?&ß£$€@:;

35 Punkt

Bullpen 3D
Ray Larabie, 2001
www.larabiefonts.com

»Berlin – seen by AGI«,
Ausstellungskatalog,
Fons Hickmann m23, 2005

HOLLA

Strumpfhose

100 Punkt

ABCDEFGHI
JKLMNOPQR
STUVWXYZ
abcdefghijklm
nopqrstuvwxyz
äöü1234567890
(! ? ch ck & ß £ $)

45 Punkt

Holla
Dieter Steffmann, 2001
www.steffmann.de

TEAMSPIRIT

Football

100 Punkt

A B C D E F G H I
J K L M N O P Q R
S T U V W X Y Z
a b c d e f g h i j k l m
n o p q r s t u v w x y z
1 2 3 4 5 6 7 8 9 0
ä ö ü & ß st nd rd th

40 Punkt

TeamSpirit
Nick Curtis, 2000
www.dafont.com

»Vespazieren«,
Anzeige, 1956

ORGANISCHES DESIGN UND KALLIGRAFISCHER STIL

QUIGLEY WIGGLY

Motorroller

100 Punkt

ABCDEFGHI
JKLMNOPQR
STUVWXYZ
abcdefghijklm
nopqrstuvwxyz
äöü1234567890
(!?&ß£$€)

45 Punkt

Quigley Wiggly
Nick Curtis, 2000
www.dafont.com

CHOC

Schlager

130 Punkt

ABCDEFGHI
JKLMNOPQR
STUVWXYZ
abcdefghijklm
nopqrstuvwxyz
äöü1234567890
(!?fifl&ß£$:;)

47 Punkt

Choc
Roger Excoffon, 1955
www.linotype.com

REPORTER TWO

Extrablatt

110 Punkt

ABCDEFGHJ
JKLMNOPQR
STUVWXYZ
abcdefghijklm
nopqrstuvwxyz
äöü1234567890
(!?fifl&ßɛ$:;)

42 Punkt

Reporter Two
Carlos Winkow, 1938
www.adobe.com/type

MERCURIUS BOLD SCRIPT

Grobkörnig

75 Punkt

ABCDEFGHI
JKLMNOPQR
STUVWXYZ
abcdefghijklm
nopqrstuvwxyz
äöü 1234567890
» ! ? fi fl & ß $ £ «

42 Punkt

Mercurius Bold Script
Imre Reiner, 1957
www.adobe.com/type

»Astaire + Riefenstahl«, Plakat,
Mende Design, 2007

MELIOR

Madame begeistert die große Welt.
Sie ist klug und charmant,
ihr Geschmack ist unbestechlich.

20 Punkt

ABCDEFGHI
JKLMNOPQR
STUVWXYZ
abcdefghijklm
nopqrstuvwxyz
äöü1234567890
(»!?&ß£$:;«)

42 Punkt

Melior
Hermann Zapf, 1952
www.adobe.com/type

SISTINA

URKUNDE

87 Punkt

ABCDEFGHI
JKLMNOPQR
STUVWXYZ

ABCDEFGHIJKLM
NOPQRSTUVWXYZ
ÄÖÜ1234567890
(»!?&£$€@:;«)

42 Punkt

Sistina
Hermann Zapf, 1950
www.linotype.com

»A Bout De Souffle«,
Plakat, 1959

ORGANISCHES DESIGN UND KALLIGRAFISCHER STIL

PIKE

All about Love

115 / 91 Punkt

ABCDEFGHI
JKLMNOPQR
STUVWXYZ
abcdefghijklm
nopqrstuvwxyz
äöü1234567890
(»!?&ß£$«)

45 Punkt

Pike
Panache Graphics, 1992
www.fonthaus.com

SCHADOW BLACK

Ihre Briefe sind schon optisch aus der Fülle täglich eingehender Post hervorgehoben, wenn sie mit farbiger Tesaborde eingefasst sind. Durch die suggestive Kraft der Farbe wird immer zuerst nach diesen Briefen gegriffen.

20 Punkt

ABCDEFGHI
JKLMNOPQR
STUVWXYZ
abcdefghijklm
nopqrstuvwxyz
äöü1234567890
(»!?&ß£$:;«)

40 Punkt

Schadow Black
Georg Trump, 1952
www.bitstream.com

ORGANISCHES DESIGN UND KALLIGRAFISCHER STIL

FORUM I

REKORD

90 Punkt

ABCDEFG
HIJKLMNO
PQRSTUV
WXYZÄÖÜ
1234567890
(»!?&£$:;«)

45 Punkt

Forum I
Georg Trump, 1952
www.myfonts.com

GRENOUILLE

Handlesen

145 Punkt

ABCDEFGHI
JKLMNOPQR
STUVWXYZ
abcdeffghijklm
nnopqrstuvwxyz
äöü1234567890
!?fi fl ff ffi ffl & & € @

42 Punkt

Grenouille
Louis Rigaud
www.dafont.com

»Extremely loud & incredibly close«,
Buchcover, Jon Gray, 2004

AIRSTREAM

The Airport

100 Punkt

ABCDEFGHI
JKLMNOPQR
STUVWXYZ
abcdefghijklm
nopqrstuvwxyz
äöü1234567890
»!?&ß£$€ the «

48 Punkt

Airstream
Nick Curtis, 2000
www.dafont.com

KAUFMANN

Tanzschule

90 Punkt

ABCDEFGHI
JKLMNOPQR
STUVWXYZ
abcdefghijklm
nopqrstuvwxyz
äöü1234567890
(!?fifl&ß£$:;)

42 Punkt

Kaufmann
Max R. Kaufmann, 1936
www.adobe.com/type

»Mon Oncle«,
Plakat, 1958

GILLIES GOTHIC

Kinocafé

150 Punkt

ABCDEFGHI
JKLMNOPQR
STUVWXYZ
abcdefghijklm
nopqrstuvwxyzäöü
1234567890
(»!?&ß£$@«)

43 Punkt

Gillies Gothic
William S. Gillies, 1935
www.linotype.com

AIR CONDITIONER

Milchshake

45 Punkt

ABCDEFGHI
JKLMNOPQR
STUVWXYZ
abcdefghijklm
nopqrstuvwxyz
äöü1234567890
(»!?&ß€$€:;«)

29 Punkt

Air Conditioner
Font Diner, 2002
www.fontdiner.com

DYMAXION SCRIPT

Cabriolet

75 Punkt

ABCDEFGHI
JKLMNOPQR
STUVWXYZ
abcdefghijklm
nopqrstuvwxyz
äöü 1234567890
(!?&₨£$€:;)

42 Punkt

Dymaxion Script
Nick Curtis, 1999
www.dafont.com

PETTICOAT UND ROCK'N' ROLL

HOOD ORNAMENT

Carwash

—90 Punkt

ABCDEFGHIJ
JKLMNOPQR
STUVWXYZ

abcdefghijklm
nopqrstuvwxyz
äöü 1234567890
!?#$&ß£@

25 Punkt

370 Hood Ornament
     200☐
     www.dafont.com   ☞ CD

Splendid Garage

▬▬▬▬▬▬

»Splendid Garage«, Buchcover,
Lizá Ramalho, Artur Rebelo, 2008

PETTICOAT UND ROCK'N'ROLL

FUTURA SCRIPT EF

Gummibaum

74 Punkt

ABCDEFGHI
JKLMNOPQR
STUVWXYZ
abcdefghijklm
nopqrstuvwxyz
äöü 1234567890
(»!?&ß£$€@«)

44 Punkt

Futura Script EF
Paul Renner, 1954
www.fonts4ever.com

ORGANISCHES DESIGN UND KALLIGRAFISCHER STIL

ROCKET SCRIPT

Coupé

80 Punkt

ABCDEFGHI
JKLMNOPQR
STUVWXYZ
abcdefghijklm
nopqrstuvwxyz
äöü1234567890
(»!?&ß£$@«)

32 Punkt

Rocket Script
Font Diner, 2002
www.fontdiner.com

»Ein großer Augenblick!«,
Anzeige, 1950

»Froh in den Hausputz«,
Anzeige, 1957

ANNLIE

Frühjahr

90 Punkt

ABCDEFGHI
JKLMNOPQR
STUVWXYZ
abcdefghijklm
nopqrstuvwxyz
1234567890
(»äöü!?&$€@«)

43 Punkt

Annlie
Fred Lambert, 1966
www.linotype.com

GYPSYROSE

ROSE

100 Punkt

A A B C D
E F G H I J K
L M N O P
Q R R S T U V
W X Y Z
! ? & : ;

40 Punkt

SAPHIR

GUTE STUBE

80 Punkt

A B C D E F G
H I J K L M N O
P Q R S T U V
W X Y Z Ä Ö Ü
1 2 3 4 5 6 7 8 9 0
! ? & $ £ € @ . ; :

45 Punkt

Saphir
Hermann Zapf, 1950
www.linotype.com

»Milch in Papier«,
Anzeige von Tetrapak, 1954

CORVINUS

Calcium

135 Punkt

ABCDEFGHIJKLM
NOPQRSTUVWXYZ
abcdefghijklm
nopqrstuvwxyz
äöü1234567890
("!?&£$")

45 Punkt

Corvinus
Imre Reiner, 1934
www.fonthaus.com

DOLPHIAN

EINLADUNG

50 Punkt

ABCDEFGHI
JKLMNOPQR
STUVWXYZ
1234567890
»ÄÖÜ!?&£$@«

43 Punkt

Dolphian
1993
www.dafont.com

ORGANISCHES DESIGN UND KALLIGRAFISCHER STIL

SMARAGD

DIPLOM

70 Punkt

ABCDEFGHI
JKLMNOPQR
STUVWXYZ
1234567890
»ÄÖÜ!?&£$«

40 Punkt

Smaragd
Gudrun Zapf-von Hesse, 1953
www.adobe.com/type

TRUMP GOTHIC (EAST)

Obstsalat

150 Punkt

ABCDEFGHIJKLM
NOPQRSTUVWXYZ
abcdefghijklm
nopqrstuvwxyz
äöü1234567890
(»!?&ffiffl£$€@«)

45 Punkt

Trump Gothic (East)
Georg Trump, 1955
www.canadatype.com

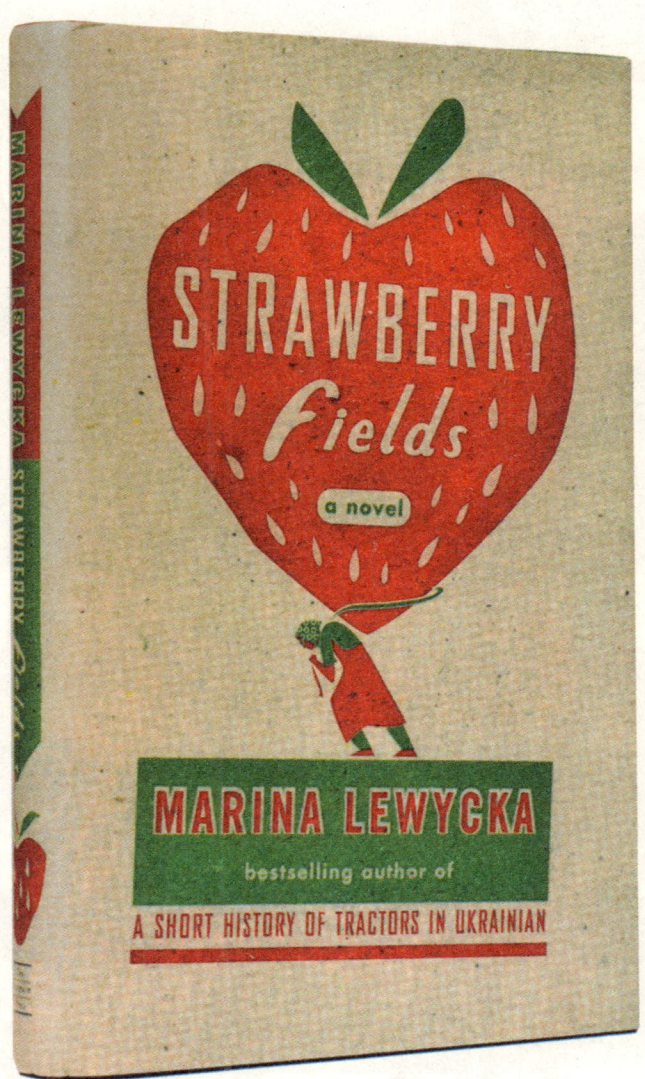

»Strawberry Fields«,
Buchcover, Jon Gray, 2004

FUTURA DISPLAY

Nierentisch

100 Punkt

ABCDEFGHI
JKLMNOPQR
STUVWXYZ
abcdefghijklm
nopqrstuvwxyz
1234567890
(»äöü!?&$€@«)

43 Punkt

Futura Display
Paul Renner, 1932
www.linotype.com

ORGANISCHES DESIGN UND KALLIGRAFISCHER STIL

VICTOR

Milchmann

100 Punkt

ABCDEFGHI
JKLMNOPQR
STUVWXYZ
abcdefghijklm
nopqrstuvwxyz
1234567890
(»äöü!?&:;*«)

45 Punkt

Victor
Mare, 2006
www.dafont.com

CD

»Die Pestnot anno 1633«, Plakat,
Eugen Max Cordier, 1949

DELPHIN

Theater

130 Punkt

ABCDEFGHI
JKLMNOPQR
STUVWXYZ
abcdefgghijklm
nopqrstuvwxyz
1234567890
(äöü!?fifl&ß€@)

50 Punkt

Delphin
Georg Trump, 1952
www.adobe.com/type

CHEVALIER

BARGELD

60 Punkt

ABCDEFGHI
JKLMNOPQR
STUVWXYZ
ABCDEFGHIJKLM
NOPQRSTUVWXYZ
ÄÖÜ1234567890
(,„!?&£$✠:;"")

30 Punkt

Chevalier
Robert Harling, 1946
www.linotype.com

ORGANISCHES DESIGN UND KALLIGRAFISCHER STIL

SCULPTURA CT

EUROPAZUG

100 Punkt

A B C D E F G
H I J K L M N O
P Q R S T U V
W X Y Z Ä Ö Ü
1 2 3 4 5 6 7 8 9 0
(! ? & £ $ €)

55 Punkt

Sculptura CT
Walter J. Diethelm, 1957
www.castletype.com

BRUSH SCRIPT

Ausgehfein

90 Punkt

ABCDEFGHI
JKLMNOPQR
STUVWXYZ
abcdefghijklm
noppqrstuvwxyz
1234567890
äöü!?fifl&ß$£

40 Punkt

Brush Script
Robert E. Smith, 1953
www.adobe.com/type

Cha Cha Haircut Lounge, Broschüre,
Planet Propaganda, 2000

EXPRESS

Fangfrisch

100 Punkt

ABCDEFGHI
JKLMNOPQR
STUVWXYZ
abcdefghijklm
nopqrstuvwxyz
äöü1234567890
(»!?&§£$:;«)

40 Punkt

Express
Dieter Steffmann, 1999
www.steffmann.de

SALTO

Hula Hoop

120 Punkt

ABCDEFGHI
JKLMNOPQR
STUVWXYZ

abcdefghijklm
nopqrstuvwxyz
äöü1234567890
(!?&fiflß£$€@)

48 Punkt

Salto
Karlgeorg Hoefer, 1952
www.linotype.com

»Das Mädchen Rosemarie«,
Plakat, 1957

»Natürlich die Autofahrer«,
Plakat, 1959

ALISON

Adrett

90 Punkt

A A B C D E F G H I
J K L M N O P Q R
S T U V W X Y Z
a b c c d e e f g h h i j k k
l m m m n n o p q r r
s s s t t u v w x y z
1 2 3 4 5 6 7 8 9 0 ! ? & @ ✓

30 Punkt

Alison
Nancy Wall, Robert Wall, 1992
www.dafont.com

WIRTSCHAFTSWUNDER UND MONDLANDUNG

wirt wun
schafts der

Helvetica
Max Miedinger
1957 | Seite 436

1955 — 1968

Heidelberger Buchdruckzylinder,
hergestellt in den sechziger Jahren

space age

Amelia
Stanley Davis
1965 | Seite 416

W

Wirtschaftswunder und Mondlandung
Schweizer Typografie und Space Age

circa 1955–1968

Mitte der fünfziger Jahre erfährt die Bundesrepublik nach Jahren des Verzichts das Wirtschaftswunder. Große Unternehmen finden internationalen Anschluss und bieten neben Vollbeschäftigung fruchtbaren Boden für eine sachlich funktionale Typografie. In der Schweiz hatte man längst an die Ideen der Elementaren Typografie angeknüpft und sie unter Einbeziehung der zeitgenössischen Möglichkeiten in die moderne Zeit gebracht. Serifenlose Schrift, serielle Gestaltung und Rasterprinzip scheinen für internationale Kommunikation bestens geeignet. Das Ergebnis ist ein Akzidenz-Grotesk-Boom, dem zahlreiche Neuschnitte folgen.

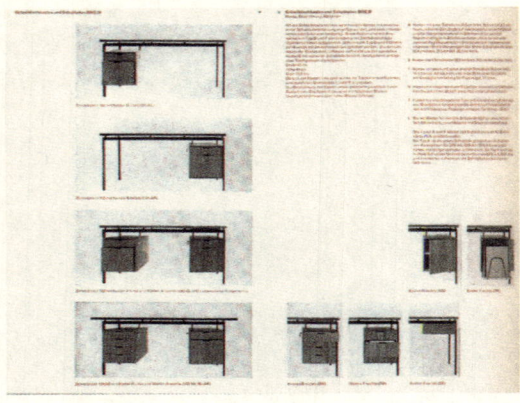
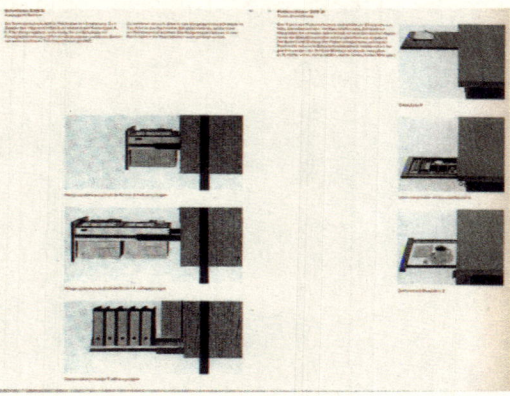
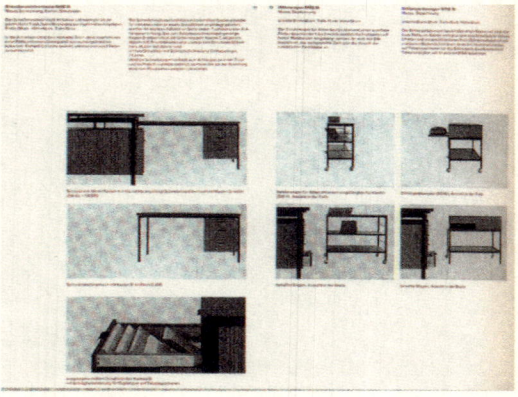

»Holzaepfel«, Katalog,
Karl Gerstner, um 1960

Wirtschaftswunder und Mondlandung
Schweizer Typografie und Space Age

circa 1955–1968

Univers
Adrian Frutiger
1954 | Seite 407

1953 wird die Hochschule für Gestaltung in Ulm gegründet. Auch hier werden die Ideale des Bauhauses weitergedacht. Zwar spielt in Ulm die Typografie zunächst eine untergeordnete Rolle – Hauptanliegen sind Architektur und Gebrauchsgegenstand –, dennoch liefert die Schule international wichtige Impulse, die schließlich auch die Typografie betreffen. Immerhin vertritt man hier schon die Auffassung, dass ein Unternehmen in allen Elementen identifizierbar sein muss. Der Begriff »Corporate Design« hat sich zu dem Zeitpunkt zwar noch nicht durchgesetzt, dessen Modell wird jedoch bereits gelehrt.

Aufgrund des hohen Bedarfs an Groteskschriften, der im Zuge der »Schweizer Typografie« und der »Ulmer Schule« aufkommt, sorgen sich die Schriften-Häuser um ein konkurrenzfähiges Angebot. Die berühmtesten Schriften dieser Bemühungen sind die Univers und die Helvetica.

Zudem machen in dieser Epoche technische Sensationen Schlagzeilen: 1961 umkreist der russische Major Gagarin als erster Mensch im Weltraum die Erde, danach beginnt ein Wettlauf zwischen Russland und den USA um die Eroberung des Alls. Derartige Nachrichten lassen auch die Schriftgestaltung nicht unbeeindruckt. So wird in den sechziger Jahren manche Schrift entworfen, die – mal mehr, mal weniger – einen technisch-modern geprägten Eindruck hinterlässt.

Schriften

Helvetica

Serifenlose Schriften mit klassizistischem Charakter

Diese Schriften sind trotz ihrem neutralen, klaren Charakter nicht konstruiert, sondern gezeichnet. Die Strichdicken sind nicht einheitlich und unterstützen so die bessere Lesbarkeit.

Merkmale

Eurostile

Technische serifenlose Antiqua-Varianten

Einige Modeschriften der sechziger Jahre zeugen von der Begeisterung für moderne Technik. Ihre Grundformen wirkten technisch konstruiert und sind etwa von Bildschirmröhren inspiriert.

Merkmale

Countdown

Space-Age-Displayschriften

Stark von der Raumfahrt inspirierte Entwerfer entwickeln eine Reihe von Displayschriften in dieser Epoche. Sie zeichnen sich durch technische Übergänge und Strichstärkenwechsel aus.

Merkmale

OCR-A

Maschinenlesbare Schriften

In den sechziger Jahren entsteht erstmals ein Bedarf an maschinenlesbaren Schriften. Zu diesem Zweck müssen alle Buchstaben stark differenziert sein, damit sie erfasst werden können.

Merkmale

Merkmale

zum Beispiel:
Helvetica
Max Miedinger
1957 | Seite 436

zum Beispiel:
Eurostile
Aldo Novarese
1962 | Seite 452

zum Beispiel:
Countdown
Colin Brignall
1965 | Seite 428

zum Beispiel:
OCR-A
Adrian Frutiger
1968 | Seite 451

Schriften

In der sachlich-funktionalen Typografie werden ohne Ausnahme serifenlose Schriftarten verwendet. Neben den bereits vorhandenen Typen, wie Akzidenz-Grotesk und Futura, werden daher viele neue Groteskschriften auf den Markt gebracht.

Im Displaybereich kommen außerdem einige durch das »Space Age« inspirierte Alphabete in Mode.

Satz

Die »Schweizer Typografie« vertraut ausschließlich auf asymmetrischen Satz. Gearbeitet wird mit möglichst wenigen Schriftschnitten und -graden. Dafür versucht man einen effektvollen Umgang mit großzügigen Weißräumen. Ein strenges Rasterprinzip zeichnet die Gestaltungsweise aus.

Ornamente

Auf Schmuck – abgesehen von Linien und Balken – wird verzichtet. Sachliche Fotografie wird von erläuterndem Text getrennt. Ansonsten wird mit klaren Farben und Formen gestaltet.

»National Zeitung«,
Corporate Design,
Karl Gerstner, um 1960

AKZIDENZ GROTESK

I only accept functional typefaces. The one you are reading right now is the one I preferred for 60 years now. It is **Akzidenz Grotesk**.

Anton Stankowski

25 / 15 Punkt

ABCDEFGHI
JKLMNOPQR
STUVWXYZ
abcdefghijklm
nopqrstuvwxyz
1234567890
(äöü!?&ß£$@:;)

40 Punkt

Akzidenz Grotesk
Günter Gerhard Lange, 1963–68
Nach einer Schrift von Bauer & Co, 1899
www.adobe.com/type

WIRTSCHAFTSWUNDER UND MONDLANDUNG

MIEDINGER

SPORT

65 Punkt

ABCDEFG
HIJKLMNO
PQRSTUV
WXYZÄÖÜ
1234567890
(»!?&Ⓐ$€:;«)

37 Punkt

Miedinger
Max Miedinger, Patrick Griffin, 2007
www.canadatype.com

SCHWEIZER TYPOGRAFIE UND SPACE AGE

HURTMOLD

Bildröhre

90 Punkt

ABCDEFGHI
JKLMNOPQR
STUVWXYZ
abcdefghijklm
nopqrstuvwxyz
1234567890
(äöü!?$:;)

49 Punkt

Hurtmold
Billy Argel, 2007
www.dafont.com

Univers – gut lesbar, weil optisch richtig –
eine vernünftige, klare Groteskschrift,
die Logik im Aufbau und ihre Dynamik im Bild
offenbaren sich im Schema der einundzwanzig
sorgfältig aufeinander abgestimmten Schnitte

**Setzmaschinen-Fabrik Monotype Gesellschaft m.b.H.
Frankfurt am Main und Berlin**
Telefon (0611) 4 87 44 und (0311) 6 87 24 85

Monotype eingetragenes Warenzeichen   Univers Création DP

»Univers«, Anzeige,
Monotype GmbH, 1966

UNIVERS

Univers – gut lesbar, weil optisch richtig – eine vernünftige, klare Groteskschrift, die Logik im Aufbau und ihre Dynamik im Bild offenbaren sich im Schema der einundzwanzig sorgfältig aufeinander abgestimmten Schnitte.

16 Punkt

ABCDEFGHI
JKLMNOPQR
STUVWXYZ
abcdefghijklm
nopqrstuvwxyz
äöü1234567890
(»!?&ß$£@:;«)

40 Punkt

Univers
Adrian Frutiger, 1954
www.adobe.com/type

STEELFISH

Geheimagent

120 Punkt

ABCDEFGHIJKLM
NOPQRSTUVWXYZ
abcdefghijklm
nopqrstuvwxyz
1234567890
(!?&fiflß$€@:;)

55 Punkt

Steelfish
Ray Larabie, 2001
www.larabiefonts.com

SCHWEIZER TYPOGRAFIE UND SPACE AGE

MICROGRAMMA LT BOLD EXTENDED

Octopussy
and the Living Daylights

60 / 25 Punkt

ABCDEFGHI
JKLMNOPQR
STUVWXYZ
abcdefghijklm
nopqrstuvwxyz
1234567890
(!?&fiflß$€@:;)

36 Punkt

Microgramma LT Bold Extended
A. Butti, Aldo Novarese, 1951
www.linotype.com

»Roth-Händle«, Plakat,
Michael Engelmann, 1960

COMPACTA

Raucherbein

120 Punkt

ABCDEFGHIJKLM
NOPQRSTUVWXYZ
abcdefghijklm
nopqrstuvwxyz
äöü1234567890
(„!?&ßE$:;*")

50 Punkt

Compacta
Fred Lambert, 1963
www.bitstream.com

ATOMIC

Rotation

150 Punkt

ABCDEFGHIJKLM
NOPQRSTUVWXYZ
abcdefghijklm
nopqrstuvwxyz
1234567890
[äöü!?$:;]

55 Punkt

Atomic
Fontalicious Fonts, 1999
www.fontalicious.com

JADE MONKEY

Elektron

100 Punkt

ABCDEFGHIJKLM
NOPQRSTUVWXYZ
abcdefghijklm
nopqrstuvwxyz
1234567890
äö!?&$

48 Punkt

Jade Monkey
Claes Kallarsson, 1997–98
www.fuelfonts.com

WIRTSCHAFTSWUNDER UND MONDLANDUNG

IMPACT

Mr. President

70 Punkt

ABCDEFGHIJKLM
NOPQRSTUVWXYZ
abcdefghijklm
nopqrstuvwxyz
1234567890
(äöü!?&ß$£@:;)

42 Punkt

Impact
Geoffrey Lee, 1965
www.adobe.com/type

National Design Centre Melbourne,
Plakat, Mark Gowing, 2007

AMELIA

Sphäre

115 Punkt

ABCDEFGHIJKLM
NOPQRSTUVWXYZ
abcdefghijklm
nopqrstuvwxyz
äöü1234567890
„!?ßfifl&$:;"

45 Punkt

Amelia
Stanley Davis, 1965
www.bitstream.com

SCHWEIZER TYPOGRAFIE UND SPACE AGE

GRAVITY SUCKS

Masse

115 Punkt

ABCDEFGHI
JKLMNOPQR
STUVWXYZ
abcdefghijklm
nopqrstuvwxyz
1234567890
(äöü!?$@)

43 Punkt

Gravity Sucks
Rich Gast, 1999
greywolfwebworks.home.insightbb.com

ORBIT-B

Orbiter

115 Punkt

ABCDEFGHIJKLM
NOPQRSTUVWXYZ
abcdefghijklm
nopqrstuvwxyz
1234567890
(äöü!?&fiflß$)

35 Punkt

Orbit-B
S. Biggenden, 1972
www.bitstream.com

SPACESHIP BULLET

Spionage

115 Punkt

ABCDEFGHIJKLM
NOPQRSTUVWXYZ
abcdefghijklm
nopqrstuvwxyz
1234567890
(äöü!?&ß$£@)

47 Punkt

Spaceship Bullet
Steve Ferrera, 2008
www.dafont.com

»Werbung in Italien«, Buchcover,
Franco Grignani, 1972

DATA 70

Advertisement

80 Punkt

ABCDEFGHI
JKLMNOPQR
STUVWXYZ
abcdefghijklm
nopqrstuvwxyz
1234567890
[äöü!?ñÑ&ßE$]

43 Punkt

Data 70
Bob Newman, 1970
www.linotype.com

COMPUTERFONT

Personal Computer

60 / 80 Punkt

ABCDEFGHIJKLM
NOPQRSTUVWXYZ
abcdefghijklm
nopqrstuvwxyz
1234567890
ÄÖÜ!?&ß@$

45 Punkt

Computerfont
1992
www.dafont.com

SCHWEIZER TYPOGRAFIE UND SPACE AGE

DROID LOVER

ANDROID

90 Punkt

ABCDEF
GHIJKLM
NOPQRS
TUVWXYZ
1234567890
[!?&B$€]

50 Punkt

Droid Lover
Iconian Fonts, 2008
www.iconian.com

WIRTSCHAFTSWUNDER UND MONDLANDUNG

CHEEK2CHEEK (BLACK!)

TECHNIK

52 Punkt

ABCDEFG
HIJKLM
NOPQRST
UVWXYZ
1234567
890
[!?=;*]

30 Punkt

cheek2cheek (black!)
shk.dezign, 1999
welcome.to/shylock

SCHWEIZER TYPOGRAFIE UND SPACE AGE

CHINTZY CPU BRK

SPUTNIK

100 Punkt

ABCDEFGHI
JKLMNOPQR
STUVWXYZ
ABCDEFGHIJKLM
NOPQRSTUVWXYZ
1234567890
(!?.,;*)

43 Punkt

Chintzy CPU BRK
Ænigma Fonts, 2002
www.aenigmafonts.com

PHUTURE

apollo

155 Punkt

abcdefghi
jklmnopqr
stuvwxyz
1234567890
äöü!?¢$nº

55 Punkt

PHuture
Jeff Bensch, 2008
jbensch.deviantart.com

CD

SPEEDFREEK

midtown

144 Punkt

ABCDEFGHIJKLM
NOPQRSTUVWXYZ
abcdefghijklm
nopqrstuvwxyz
1234567890
[.,?&@$]

53 Punkt

SpeedFreek
Fontalicious Fonts, 1999
www.fontalicious.com

COUNTDOWN

Roboter

140 Punkt

ABCDEFGHI
JKLMNOPQR
STUVWXYZ
abcdefghijklm
nopqrstuvwxyz
äöü1234567890
(»!?&ß$€:;«)

43 Punkt

Countdown
Colin Brignall, 1965
www.linotype.com

»Tenth Anniversary Tour«, Plakat,
Ames Design, 2001

WIRTSCHAFTSWUNDER UND MONDLANDUNG

PLASTIC NO. 28

SHUTTLE

115 Punkt

ABCDEFGHIJKLM
NOPQRSTUVWXYZ
ABCDEFGHIJKLM
NOPQRSTUVWXYZ
ÄÖÜ1234567890
(„!?&ß$№")

40 Punkt

Plastic No. 28
Melinda Windsor, 2001
www.moorstation.org/typoasis/designers/lab

CD

SCHWEIZER TYPOGRAFIE UND SPACE AGE

ZYBORGS

CUBE

140 Punkt

ABCDEFGHIJKLM
NOPQRSTUVWXYZ
abcdefghijklm
nopqrstuvwxyz
1234567890
[ÄÖÜ!?&ß$€@]

38 Punkt

Zyborgs
Dan Zadorozny, 2004
www.iconian.com

☞ CD

FOLIO

Sie ist kräftig im Strich, stark in der Auszeichnung und hat ein eigenes Gesicht. Man spürt den frischen Wind der Folio und erkennt, wie lebendig eine Grotesk sein kann.

22 Punkt

ABCDEFGHI
JKLMNOPQR
STUVWXYZ
abcdefghijklm
nopqrstuvwxyz
äöü1234567890
(»!?&ß$£:;«)

40 Punkt

Folio
K. F. Bauer, W. Baum, 1957
www.bitstream.com

SCHWEIZER TYPOGRAFIE UND SPACE AGE

Studentenprojekt,
Sungjin Park, 2006

ANTIQUE OLIVE

Gravitation

65 Punkt

ABCDEFGHI
JKLMNOPQR
STUVWXYZ
abcdefghijklm
nopqrstuvwxyz
äöü1234567890
»!?fifl&$:;«

38 Punkt

Antique Olive
Roger Excoffon, 1969
www.adobe.com/type

SYNTAX

Schwerkraft

65 Punkt

ABCDEFGHI
JKLMNOPQR
STUVWXYZ
abcdefghijklm
nopqrstuvwxyz
1234567890
(äöü!?$@)

41 Punkt

Syntax
Hans Eduard Meyer, 1968
www.adobe.com/type

HELVETICA

Die Frage nach der Spaltenbreite ist nicht nur eine Frage der Gestaltung oder des Formats, ebenso bedeutsam ist die Frage der Leserlichkeit. Eine textliche Mitteilung soll vom Leser leicht und angenehm gelesen werden können. Dies hängt nicht zuletzt von der Grösse der Schrift, von der Länge der Zeilen und vom Zeilendurchschuss ab.

    Die Drucksachen in Normalformat werden vom Auge gewöhnlich in einem Abstand von 30 bis 35 cm gelesen. Auf diese Distanz sollen die Schriftgrössen berechnet sein. Zu kleine wie zu grosse Schrift wird mit Anstrengung gelesen. Der Leser ermüdet schneller. Ein bekannter Erfahrungswert besagt, dass für einen längeren Text im Durchschnitt pro Zeile 7 Worte stehen sollen. Wenn wir auf eine Zeile 7 bis 10 Worte haben möchten, lässt sich die Länge der Zeile leicht errechnen. Damit das Schriftbild leicht und offen erscheint, haben wir den Zeilendurchschuss, also den vertikalen Abstand von Zeile zu Zeile, der Schriftgrösse angepasst, entsprechend zu bestimmen.

    Ein weiteres Problem hat der Fotosatz mit sich gebracht, das des Buchstabenabstandes. Beim Bleisatz war der Buchstabenabstand durch die Kegelstärke bestimmt und ausgeglichen.
Josef Müller-Brockmann

10 Punkt

ABCDEFGHI
JKLMNOPQR
STUVWXYZ
abcdefghijklm
nopqrstuvwxyz
1234567890
(äöü!?&ß£$@:;)

40 Punkt

Helvetica
Max Miedinger, 1957
www.linotype.com

SCHWEIZER TYPOGRAFIE UND SPACE AGE

»Helvetica Film + Fest«,
Flyer, Michael Bundscherer, 2007

CAMILLA

 Enter-
tainment

75 Punkt

ABCDEFGHIJKLM
NOPQRSTUVWXYZ
abcdefghijklm
nopqrstuvwxyz
1234567890
äöü!?@$€

55 Punkt

Camilla
Atrax, 2004
www.dafont.com

QHYTSDAKX

Prototyp

145 Punkt

ABCDEFGHIJKLM
NOPQRSTUVWXYZ
abcdefghijklm
nopqrstuvwxyz
1234567890
(äöü!?&@€:;)

55 Punkt

Qhytsdakx
Tepi Monkey Fonts, 2001
www.dafont.com

MERCURY BLOB

115 Punkt

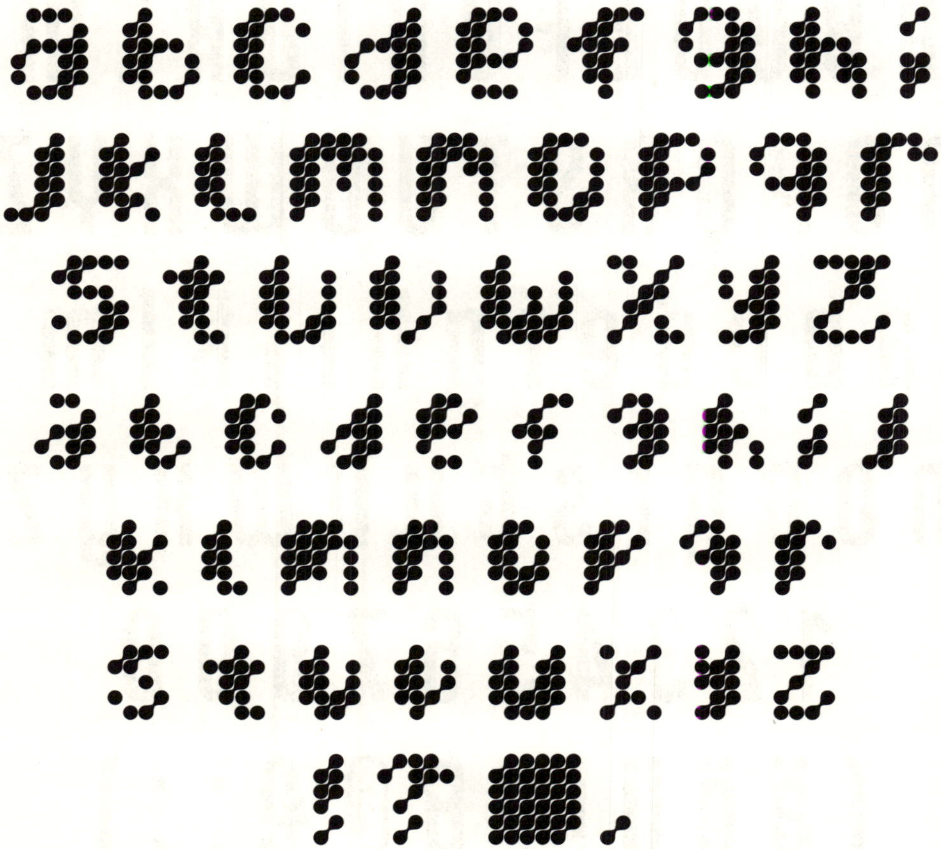

35 Punkt

Mercury Blob
Matt Perkins, 1997
www.dafont.com

»nonex ladyfitness«, CD-Artwork,
Fons Hickmann m23, 2000

WIRTSCHAFTSWUNDER UND MONDLANDUNG

ADDELECTRICCITY

Machine

80 Punkt

ABCDEFGHI
JKLMNOPQR
STUVWXYZ
abcdefghijklm
nopqrstuvwxyz
1234567890
(!?&$@:;)

39 Punkt

AddElectricCity
Atsushi Aoki, 1999
www.dafont.com

SCHWEIZER TYPOGRAFIE UND SPACE AGE

BLACK WOLF

Cyber
and
Space

55 Punkt

ABCDEFGHI
JKLMNOPQR
STUVWXYZ
abcdefghijklm
nopqrstuvwxyz
1234567890
(äöü!?$@ no and :;)

38 Punkt

Black Wolf
Rich Gast, 1999
greywolfwebworks.home.insightbb.com

WIRTSCHAFTSWUNDER UND MONDLANDUNG

RETROHEAVY FUTURE

Satellit

64 Punkt

ABCDEFGHI
JKLMNOPQR
STUVWXYZ
abcdefghijklm
nopqrstuvwxyz
1234567890
[!?@:;]

27 Punkt

Retroheavy Future
Cyclone Graphics, 1998
www.dafont.com

☞ CD

SCHWEIZER TYPOGRAFIE UND SPACE AGE

SEEDS

Future

100 Punkt

abcdefghi
jklmnopqr
stuvwxyz
1234567890
[!?:;]

50 Punkt

Seeds
Matt Perins, 1997
www.dafont.com

COMPLETE

Zigarre

85 Punkt

ABCDEFGHIJKLM
NOPQRSTUVWXYZ
abcdefghijklm
nopqrstuvwxyz
1234567890
äöü!$@:;

38 Punkt

Complete
Hreggvidur Arsaelsson, 1999
www.dafont.com

CD

SCHWEIZER TYPOGRAFIE UND SPACE AGE

CYCLOPS

cyborg

75 Punkt

abcdefghi
jklmnopqr
stuvwxyz
1234567890
,.!?&¢@:;«»

40 Punkt

Cyclops
Koen Hachmang, 1999
www.dafont.com

»Riesensprünge«, Anzeige,
Bild am Sonntag, 1960

ATOMICBOMB

STABHOCHSPRUNG!

69 Punkt

ABCDEFGHI
JKLMNOPQR
STUVWXYZ
1234567890
.!?/,.

60 Punkt

AtomicBomb
David M. Debus, 1997
www.dafont.com

CIRCUIT

180 Punkt

ABCDEFGHI
JKLMNOPQR
STUVWXYZ

ABCDEFGHIJKLM
NOPQRSTUVWXYZ
1234567890
!?&@$¢*;

38 Punkt

Circuit
1999
www.dafont.com

SCHWEIZER TYPOGRAFIE UND SPACE AGE

OCR-A

Reader

92 Punkt

ABCDEFGHIJKLM
NOPQRSTUVWXYZ
abcdefghijklm
nopqrstuvwxyz
ÄÖÜ1234567890
(!?&@$*:;)

42 Punkt

OCR-A
Adrian Frutiger, 1968
www.adobe.com/type

EUROSTILE

Mondlandung

70 Punkt

ABCDEFGHI
JKLMNOPQR
STUVWXYZ
abcdefghijklm
nopqrstuvwxyz
1234567890
(äöü!?&ß$£@:;)

43 Punkt

Eurostile
Aldo Novarese, 1962
www.linotype.com

Pool Event, Poster,
Melchior Imboden, 2006

WIRTSCHAFTSWUNDER UND MONDLANDUNG

AS SEEN ON TV

Premiere

75 Punkt

ABCDEFGHI
JKLMNOPQR
STUVWXYZ
abcdefghijklm
nopqrstuvwxyz
1234567890
(äöü!?$:;)

33 Punkt

As seen on TV
Jakob Fischer, 2003
www.pizzadude.dk

CD

SERPENTINE

Sender

95 Punkt

ABCDEFGHI
JKLMNOPQR
STUVWXYZ
abcdefghijklm
nopqrstuvwxyz
1234567890
(„äöü!?&£$")

40 Punkt

Serpentine
Dick Jensen, 1972
www.adobe.com/type

Mojo
Jim Parkinson
1960 | Seite 517

POP & DISCO

1968 — 1980

Flower Power

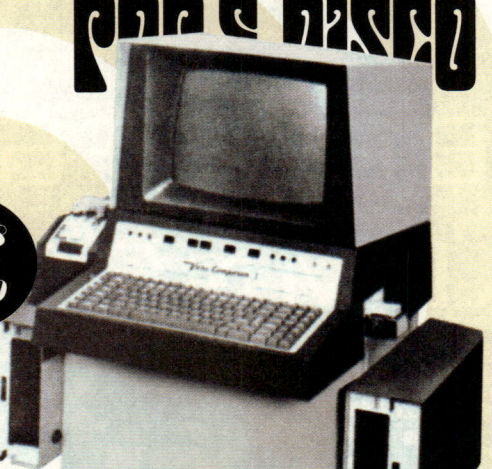

Cooper Black
Oswald Cooper
1921 | Seite 473

Varisystems, Fotosatzmaschine
aus dem Jahr 1972

Flower Power und Revolte
Pop und Disco

circa 1968–1980

Nach einem Jahrzehnt betonter Sachlichkeit hat man nun das Verlangen nach emotionaler Gestaltung. Das Spielerische kehrt wieder, Farben kommen in Mode, die harte Kante wird weich und rund. Alle Aspekte des Lebens sollen mit diesen Formen romantisiert und verändert werden – eine ganzheitliche, ornamentale und anti-technische ästhetische Auffassung entsteht, ähnlich dem Jugendstil um die Jahrhundertwende. An Letzteren knüpfen gerade Schriftentwerfer dieser Gestaltungsepoche gerne an. Ästhetische Leitbilder finden sich aber nicht unter den typografischen Fachleuten dieser Jahre, sondern in der jugendlichen Subkultur, der Musikszene oder der zeitgenössischen Kunst.

»The Doors«,
Plakat, 1967

Flower Power und Revolte
Pop und Disco

circa 1968–1980

Frankfurter Highlight
Bob Newman
1970 | Seite 514

Pinocchio
Dieter Steffmann
1994 | Seite 512

Die Schriftformen sind häufig vom Fin de siècle inspiriert. Sie haben eine flächige, dynamische wie ornamentale Wirkung und lehnen sich stark an ihre Vorbilder an. So entstehen sehr eigenwillige, zeittypische Headline-Fonts, die eine Mischung aus Pinselschriften und Ornamentalschriften des Jugendstils sind. Manche erinnern an die Plateausohle und nehmen nach unten stark zu, andere quellen auf und bekommen so die weiche, rundliche Form, die ihrer Zeit eigen ist. Serifenlose Groteskschriften mit abgerundeten Kanten oder mit konstruierten Charakter kommen ebenfalls in Mode, oft in fetten Schnitten.

Durch den Fotosatz, der sich inzwischen durchgesetzt hat, werden die Beschränkungen des Bleisatzes aufgelöst und Schriften können nun nach belieben vergrößert, verkleinert, verzerrt, gestaucht oder verbreitert werden. War es zuvor durch den Bleikegel, der den Buchstaben umgibt, nicht möglich, die Laufweite zu verringern, ist es nunmehr ganz einfach. So entsteht eine Vorliebe für eng an eng gesetzte Schriftbilder.

Der Film »Saturday Night Fever« löst eine weltweite Discowelle aus, die sich in der Musik, der Mode und dem Lebensstil der Jugendlichen widerspiegelt. Für John Travolta ist dies der Beginn seiner Karriere, für Typografen der Anlass, öfter in die Effektkiste zu greifen: Schriften bekommen also Spiegelkugel- und Glanzeffekte, Out- und Inlines, oder werden gleich aus Linien zusammengesetzt.

Schriften

Cooper Black

Antiqua-Varianten

Merkmale

Die Vorliebe für runde, weiche Formen macht auch vor der Typografie nicht halt. So sind die Serifen der meisten Antiqua-Varianten abgerundet und soft. Andere zitieren den Jugendstil.

Bauhaus

Serifenlose Schriften mit konstruiertem Charakter

Merkmale

Nach Vorbild des Schriftschaffens der Elementaren Typografie entstehen Neuentwürfe von Schriften, die auf reiner Konstruktion beruhen. Die geometrische Anmutung charakterisiert sie.

FRANKFURTER

Serifenlose Antiqua-Varianten

Merkmale

Auch die serifenlosen Antiqua-Varianten bleiben in der Mode gefällig rund. Überdies werden sie gerne noch mit Effekten beladen: Glanzeffekt, harte Schatten oder 3-D-Anmutung sind beliebt.

Candice

Headline-Schriften

Merkmale

Typische Headline-Fonts der Seventies sind schwungvolle Entwürfe, die oftmals nach unten aufquellen, mit »Plateausohleneffekt« oder ausladenden Schwüngen daherkommen.

MOJO

Psychedelische Schriften

Merkmale

Artverwandt mit den Ornamentalschriften des Jugendstils sind jene zeitgenössischen Entwürfe mit psychedelischem Hintergrund. Sie sind oft spiralenförmig verdreht und halluzinativ verzerrt.

Disko-Schriften

Merkmale

Die typische Disco-Ästhetik im Typedesign entsteht durch das Linien-Konstrukt, aus dem die meisten ihrer Gattung zusammengebaut sind. Glanz- und Discokugeleffekte sind ebenfalls zu beobachten.

Merkmale

zum Beispiel:
Cooper Black
Oswald Cooper
1921 | Seite 473

zum Beispiel:
Bauhaus
Edward Benguiat,
Victor Caruso
1975 | Seite 510

zum Beispiel:
Frankfurter
Highlight
Bob Newman
1970 | Seite 514

zum Beispiel:
Candice
Alan Meeks
1978 | Seite 466

zum Beispiel:
Mojo
Jim Parkinson
1960 | Seite 517

zum Beispiel:
Pump Triline
Corel Corporation
1992 | Seite 479

Schriften
Jugendstilschriften feiern ein Comeback. Nicht nur die Entwürfe um die Jahrhundertwende – etwa die Eckmann-Schrift, die Hobo oder die Metropolitaines – werden wieder aus der Versenkung geholt, es entsteht auch eine Reihe von Headline-Fonts, die formal eindeutig ihrer Zeit verhaftet sind.

Abgerundete Schriften, mit oder ohne Serifen, Alphabete mit Linieneffekten und konstruierte Groteskschriften erfreuen sich überdies einiger Beliebtheit.

Satz
Schriften werden allgemein gerne in fetten Schnitten und – in Headlines – in Versalien gesetzt. Hierbei wird die Laufweite gerne etwas enger gewählt, als es vielleicht der optimalen Lesbarkeit entsprechen würde. Eine Mode, die durch die Möglichkeiten des Fotosatzes entdeckt wurde.

Illustration, Effekte und Farben
Die verwendeten Motive sind häufig halluzinativ verzerrt, spiralenförmig ineinander verdreht und durch Solarisationseffekte gestalterisch übersteigert. Farben sollen am besten expressiv, satt und bunt sein.

Illustratoren arbeiten mit Aquarell oder extrem vergrößertem Halbtonraster. Letzteres greift die Impulse der zeitgenössischen Pop-Art-Bewegung auf. Zeittypisch werden das Peace-Zeichen und andere Friedenssymbole gerne als Ornament eingesetzt.

FLOWER POWER UND REVOLTE

BOTTLENECK

Plateausohle

90 Punkt

ABCDEFGHI
JKLMNOPQR
STUVWXYZ
abcdefghijklm
nopqrstuvwxyz
1234567890
(äöü!?&$€@¡;)

44 Punkt

Bottleneck
Tony Wenman, 1972
www.linotype.com

PUPPYLIKE

Disco
Dance

100 Punkt

ABCDEFGHI
JKLMNOPQR
STUVWXYZ
abcdefghijklm
nopqrstuvwxyz
1234567890
(äöü?¿&§:;)

40 Punkt

Puppylike
enStep Incorporated, 1996
www.dafont.com

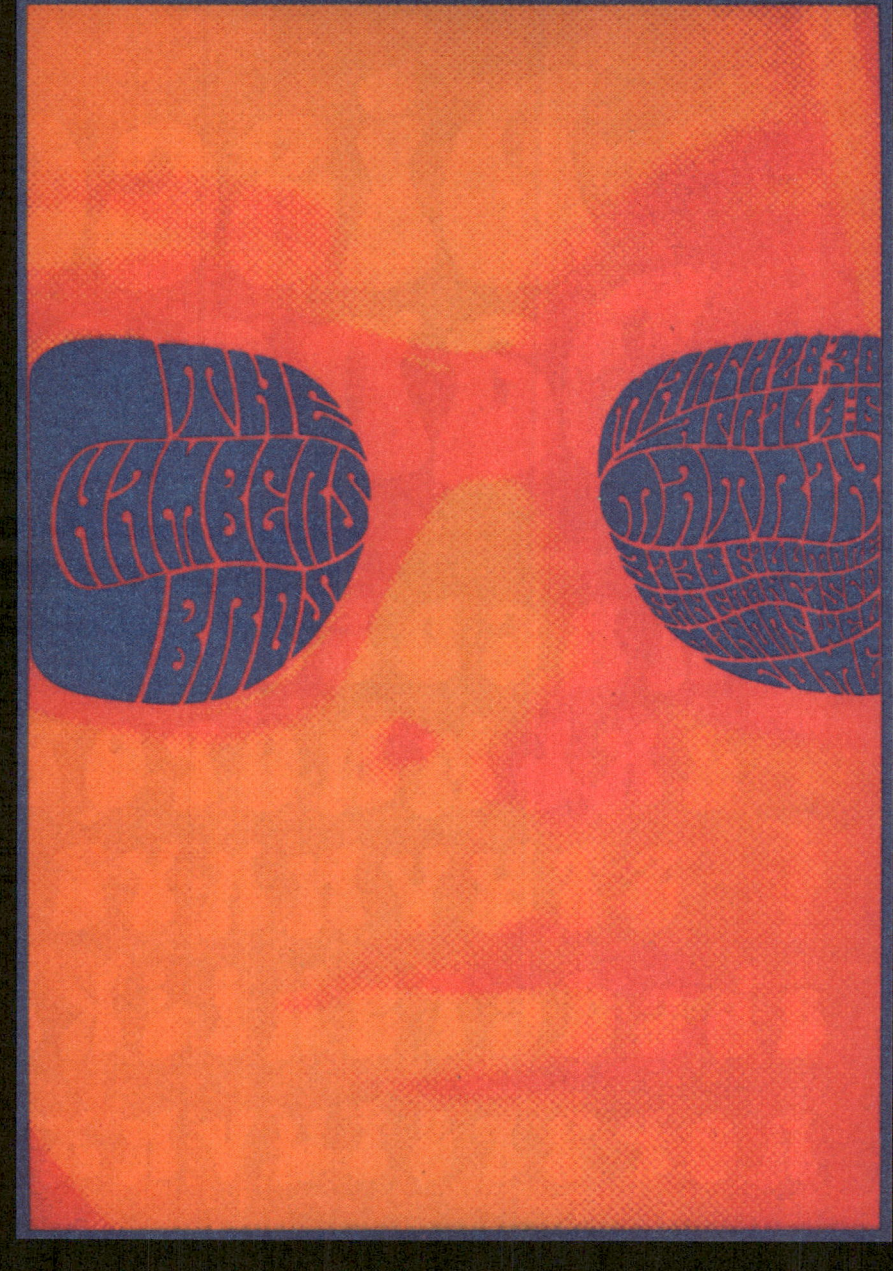

»Chamber Brothers«,
Plakat, 1967

POP UND DISCO

BUTTERFIELD

142 Punkt

57 Punkt

Butterfield
David Nalle, 2001
www.fontcraft.com

CANDICE

Kugel Eis

90 Punkt

ABCDEFGHI
JKLMNOPQR
STUVWXYZ
abcdefghijklm
nopqrstuvwxyz
äöü1234567890
(„!?&fiflß£$*:;")

41 Punkt

Candice
Alan Meeks, 1978
www.linotype.com

ITC SOUVENIR

Der rote Apfelbackensommer.
Der ocker Strandsommer.
Der himmelhellblaue Sonnensommer.
Der orangene Blumensommer.
Der gelbe Kornsommer.

15 Punkt

ABCDEFGHI
JKLMNOPQR
STUVWXYZ
abcdefghijklm
nopqrstuvwxyz
1234567890
(„!?&fiflß£$*")

40 Punkt

ITC Souvenir
Edward Benguiat, 1972
www.adobe.com/type

ITC BENGUIAT

Und plötzlich ist Farbverständigung möglich. Plötzlich sprechen alle eine Sprache, die über Farben sprechen: Der Auftraggeber und der Gestalter, der Gestalter und der Drucker, der Drucker und der Druckfarbenhersteller.

15 Punkt

ABCDEFGHI
JKLMNOPQR
STUVWXYZ
abcdefghijklm
nopqrstuvwxyz
1234567890
(äöü!?&ß$£)

42 Punkt

ITC Benguiat
Edward Benguiat, 1977
www.adobe.com/type

»Southern Sessions«, Flyer,
C100 Purple Haze, 2005

HAWTHORN

Ein deutlich ausgeprägter Hang zum Tragischen, stark gefühlsbetont, Neurotiker, Einzelgänger.

40 Punkt

ABCDEFGHI
JKLMNOPQR
STUVWXYZ
abcdefghijklm
nopqrstuvwxyz
äöü1234567890
(„!?&ß£$*:;")

43 Punkt

Hawthorn
Mike Daines, 1968
www.linotype.com

ITC TIFFANY HEAVY

Juwelier

75 Punkt

ABCDEFGHI
JKLMNOPQR
STUVWXYZ
abcdefghijklm
nopqrstuvwxyz
1234567890
(äöü!?&ß£$)

36 Punkt

ITC Tiffany Heavy
Edward Benguiat, 1974
www.adobe.com/type

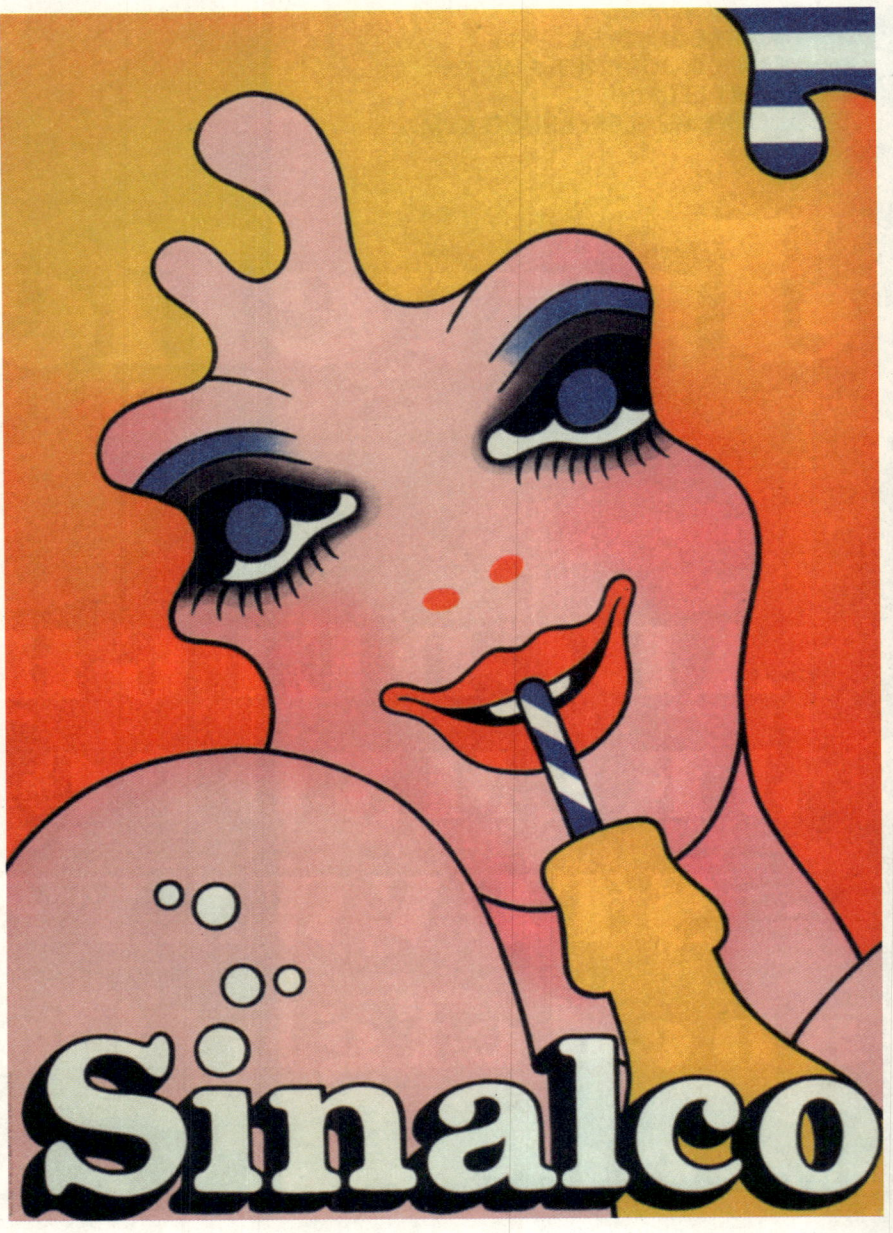

»Sinalco«, Plakat,
Willi Rieser, 1972

POP UND DISCO

COOPER BLACK

Softdrink

75 Punkt

ABCDEFGHI
JKLMNOPQR
STUVWXYZ
abcdefghijklm
nopqrstuvwxyz
äöü1234567890
(!?&fiflß$€@)

37 Punkt

Cooper Black
Oswald Cooper, 1921
www.adobe.com/type

ITC BENGUIAT GOTHIC

Sein Element ist das Feuer. Der Pulverfaßtyp, der mit Freuden bereit ist, jederzeit hochzugehen. Dabei ein energischer, vitaler, dynamischer Arbeiter. Durchsetzungskräftig, überzeugend, produktiv, progressiv, aggressiv.

15 Punkt

ABCDEFGHI
JKLMNOPQR
STUVWXYZ
abcdefghijklm
nopqrstuvwxyz
1234567890
(äöü!?&ß£$:;)

43 Punkt

ITC Benguiat Gothic
Edward Benguiat, 1979
www.adobe.com/type

RONDA

Tankstelle

90 Punkt

ABCDEFGHI
JKLMNOPQR
STUVWXYZ
abcdefghijklm
nopqrstuvwxyz
1234567890
(äöü!?&ß£$:;)

41 Punkt

Ronda
Herb Lubalin, 1970
www.linotype.com

FLOWER POWER UND REVOLTE

MADONNA

105 Punkt

ABCDEFG
HIJKLMNO
PQRSTUV
WXYZ

60 Punkt

476   Madonna
Romulo Genova, 2007
www.dafont.com   CD

POP UND DISCO

»Madonna«, CD-Cover,
Giovanni Bianco, 2005

BLIPPO BT

Dancer

110 Punkt

ABCDEFGHI
JKLMNOPQR
STUVWXYZ
abcdefghijklm
nopqrstuvwxyz
1234567890
(äöü!?&ß£$:;)

40 Punkt

Blippo BT
Fotostar, 1970
www.bitstream.com

PUMP TRILINE

Studio

120 Punkt

ABCDEFGHI
JKLMNOPQR
STUVWXYZ
abcdefghijklm
nopqrstuvwxyz
1234567890
(äöü!?&£$:;)

42 Punkt

Pump Triline
Corel Corporation, 1992
www.linotype.com

PARIS 1970 TAKE-OVER! THE WORD IS FREE!

The NEWS...color—burgundy, cinnamon, rust, French-navy blue, layered one over the other. The fabric, knit. <u>Opposite left</u>: Multicolor cape knitted and fringed like a crazy cocoon! Burgundy dress—banded at the hem in cinnamon, wrapped at the neck in a muffler of red, purple, green. Head wrapped in violent spring green. <u>Center</u>: Violet shorts and pullover, green double cape—dare color... red boots, electric blue stockings—head of multicolors from green to rust to violet. <u>Right</u>: Blue cape over a coat, to-the-ankle rust skirt—jacquard short-sleeved sweater over cinnamon long-sleeved sweater—muffled and capped in rust. All by Dorothée Bis for Benson and Partners. Boots, left, Yves Saint Laurent at Lord & Taylor, Bloomingdale's. Boots, center and right, Charles Jourdan. Makeup on these 8 pages by Astarté. For additional merchandise information see page 76.

Essences of Paris You're beautiful—let the world know it! ... ready-to-wear—pared down to essentials. Build on color ... daring! Proud is the message—to fling a cape over your shoulders, to stride. It's you that counts...that's where the power is!

»Paris 1970 Take-Over!«, Einzelseite aus der Zeitschrift »Paris«, 1970

AKKA

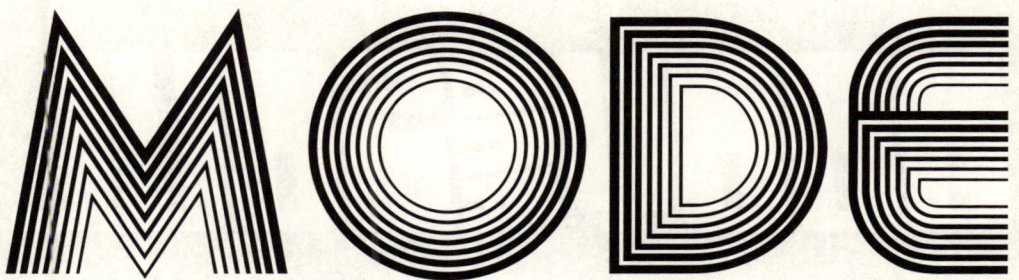

130 Punkt

ABCDEFGHI
JKLMNOPQR
STUVWXYZ
1234567890
(!?&$:;)

50 Punkt

SF GROOVE MACHINE

BODY AND SOUL

100 / 52 Punkt

ABCDEFGHIJKLM
NOPQRSTUVWXYZ
ABCDEFGHIJKLM
NOPQRSTUVWXYZ
ÄÖÜ1234567890
[„.!?€$@*:;"]

50 Punkt

SF Groove Machine
ShyFoundry, 1999
www.shyfoundry.com

SPACEBEACH

nightlife

140 Punkt

ABCDEFGHIJKLM
NOPQRSTUUWXYZ
abcdefghijklm
nopqrstuuwxyz
äöü1234567890
(!?¢$€@$ ❀ ❀ ❀)

50 Punkt

Spacebeach
Fontalicious Fonts, 1999

FLOWER POWER UND REVOLTE

VELCRO

180 Punkt

52 Punkt

Velcro
Fontalicious Fonts, 2002
www.fontalicious.com

CD

»Soul Explosion«,
Flyer, 2008

FLOWER POWER UND REVOLTE

BUSTER

DIMENSION

65 Punkt

ABCDEFG
HIJKLMNO
PQRSTUV
WXYZÄÖÜ
1234567890
!?&$@,.

50 Punkt

Buster
Tony Wenman, 1972
www.linotype.com

ITC PIONEER

PORNOBALKEN

60 Punkt

ABCDEFG
HIJKLMNO
PQRSTUV
WXYZÄÖÜ
1234567890
[!?&$€@.,;]

50 Punkt

ITC Pioneer
Ronnie Bonder, Tom Carnase, 1970
www.linotype.com

»Copaline«, Plakat,
Jacques Richez, 1971

SHAGADELIC

Hippie

135 Punkt

ABCDEFGHI
JKLMNOPQR
STUVWXYZ
abcdefghijklm
nopqrstuvwxyz
1234567890
(!?&§❋@☯:;)

36 Punkt

Shagadelic
Digital Graphic Labs, 1998
www.dafont.com

GOSOUL

Love & Peace

80 / 130 Punkt

ABCDEFGHI
JKLMNOPQR
STUVWXYZ
abcdefghijklm
nopqrstuvwxyz
1234567890
(!?&$♣☮✿*:;♥)

38 Punkt

GoSoul
Grass Onions, 1999
www.dafont.com

VICTOR MOSCOSO

SHAKE

160 Punkt

ABCDEFGHI
JKLMNOPQR
STUVWXYZ
ABCDEFGHIJKLM
NOPQRSTUVWXYZ
1234567890
(!?&ß£$€@:;)

40 Punkt

Victor Moscoso
Keith Bates, 2006
www.k-type.com

LAZYBONES

140 Punkt

ABCDEFGHI
JKLMNOPQ
RSTUVWXYZ
abcdefghijklm
nopqrstuvwxyz
äöü1234567890
(„!?&ß$*:;")

42 Punkt

Lazybones
Letraset Design Studio, 1972
www.linotype.com

»007«, Buchcover,
Jon Gray, 2008

FLOWER POWER UND REVOLTE

KEEP ON TRUCKIN

Kommune

80 Punkt

ABCDEFGHI
JKLMNOPQR
STUVWXYZ
abcdefghijklm
nopqrstuvwxyz
1234567890
(!?&ß£$€@*:;)

38 Punkt

Keep on Truckin
Brad O. Nelson, 2003
www.fontdiner.com

POP UND DISCO

MAMA

PUDDING

80 Punkt

ABCDEFGHI
JKLMNOPQR
STUVWXYZ
1234567890
(!?&$:;)

50 Punkt

Mama
Richard William Mueller, 1993
moorstation.org/typoasis/designers/mueller

LORRAINE SCRIPT

Lustmolch

120 Punkt

ABCDEFGHI
JKLMNOPQR
STUVWXYZ
abcdefghijklm
nopqrstuvwxyz
äöü1234567890
(!?&ßfifl£$@)

41 Punkt

Lorraine Script
Bob Alonso, 2000
www.myfonts.com

JULIA SCRIPT

Freie Liebe

100 Punkt

ABCDEFGHI
JKLMNOPQR
STUVWXYZ
abcdefghijklm
nopqrstuvwxyz
äöü 1234567890
(„ ! ? & ß L $ * : ; ")

41 Punkt

Julia Script
David Harris, 1983
www.linotype.com

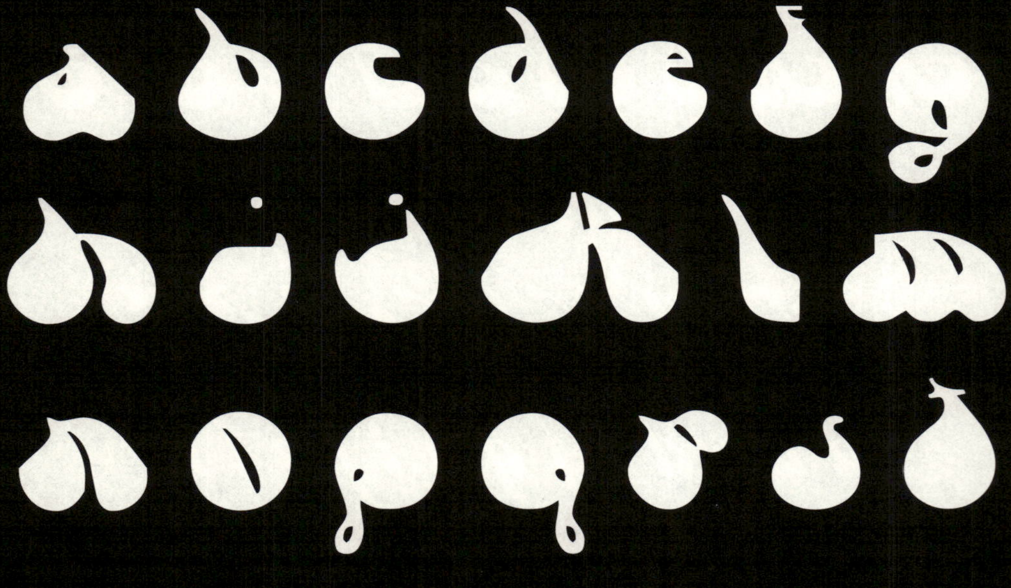

POP UND DISCO

LCD.FR.ST

Group

100 Punkt

ABCDEFGHI
JKLMNOPQR
STUVWXYZ
abcdefghijklm
nopqrstuvwxyz
1234567890
(!?&£$@:;)

34 Punkt

lcd.fr.st
David Rodes, 1999
www.dafont.com

»going steady«, Buchcover,
Push Pin Studio, 1972

DISCO 1

ready.steady.go

120 Punkt

a b c d e f g
h i j k l m n o p q
r s t u v w x y z
1 2 3 4 5 6 7 8 9 0
ä ö ü :.

90 Punkt

Disco 1
Fenotype Typefaces, 2002
www.fenotype.com

ALBA SUPER

115 Punkt

ABCDEFGHI
JKLMNOPQR
STUVWXYZ
abcdefghijklm
nopqrstuvwxyz
1234567890
(ÄÖÜ!? and $ ƒ € @ :;)

35 Punkt

Alba Super
Fontalicious Fonts, 2001
www.fontalicious.com

OCTOPUSS

Tentakel

105 Punkt

ABCDEFGHI
JKLMNOPQR
STUVWXYZ
abcdefghijklm
nopqrstuvwxyz
äöü1234567890
("!?&ß§£:;")

43 Punkt

Octopuss
Colin Brignall, 1970
www.linotype.com

TANGO

Novelle

140 Punkt

ABCDEFGHI
JKLMNOPQR
STUVWXYZ
abcdefghijklm
nopqrstuvwxyz
1234567890
(äöü!?&ß$£)

50 Punkt

Tango
Colin Brignall, 1974
www.bitstream.com

»A Fraction of the Whole«,
Buchcover, Nathan Burton, 2008

ROYAL ACIDBATH

RollingRock

75 Punkt

ABCDEFGHI
JKLMNOPQR
STUVWXYZ
abcdefghijklm
nopqrstuvwxyz
1234567890
(!?&$@:;)

38 Punkt

Royal Acidbath
Dennis Ludlow, 2001
www.dafont.com

CD

KNIGHTSBRIDGE

The Backsight

36 / 75 Punkt

ABCDEFGHIJKLM
NOPQRSTfUVWXYZ
abcddeffghhi
jkklſmmnŋopqr
stuvwxyzäöü
1234567890
(„!?&ß£$:;Th")

36 Punkt

Knightsbridge
Alan Meeks, 1975
www.linotype.com

»Nijinsky, der Gott des Tanzes«,
Buchcover, Willy Fleckhaus, 1974

ITC AVANT GARDE GOTHIC

Biografie

100 Punkt

ABCDEFGHIJKLM
NOPQRSTUVWXYZ
abcdefghijklm
nopqrstuvwxyz
äöü1234567890
(!?&©LAST T st ff fi ß $ €)

35 Punkt

ITC Avant Garde Gothic
Herb Lubalin, Tom Carnase, 1970
www.adobe.com/type

FLOWER POWER UND REVOLTE

BAUHAUS

Weimar

95 Punkt

ABCDEFGHI
JKLMNOPQR
STUVWXYZ
abcdefghijklm
nopqrstuvwxyz
äöü1234567890
(„!?&ß$£:;")

40 Punkt

510

Bauhaus
Edward Benguiat, Victor Caruso, 1975
www.adobe.com/type

POP UND DISCO

ITC ERAS

Translator

95 Punkt

ABCDEFGHI
JKLMNOPQR
STUVWXYZ
abcdefghijklm
nopqrstuvwxyz
1234567890
(äöü!?&ß$£@)

43 Punkt

ITC Eras
Albert Boton, 1976
www.adobe.com/type

PINOCCHIO

ELEFANT

95 Punkt

ABCDEFGH
IJKLMNOPQR
STUVWXYZ
1234567890
ÄÖÜ!?&$£:;

50 Punkt

Pinocchio
Dieter Steffmann, 1994
www.steffmann.de

»The White Stripes«, Plakat,
Justin Hampton, 2003

FRANKFURTER HIGHLIGHT

BUBBLE

115 Punkt

ABCDEFGHI
JKLMNOPQR
STUVWXYZ
1234567890
(»!?&$:;«)

52 Punkt

Frankfurter Highlight
Bob Newman, 1970
www.linotype.com

GREASE

Schmiere

80 Punkt

ABCDEFGHI
JKLMNOPQR
STUVWXYZ
abcdefghijklm
nopqrstuvwxyz
1234567890
(„!?&$£@:;")

36 Punkt

Grease
Rafael Dinner, 1996
www.dafont.com

Konzertplakat,
James H. Gardner, 1967

MOJO

FESTIVAL

170 Punkt

ABCDEFGH
IJKLMNOPQR
STUVWXYZ
1234567890
ÄÖÜ!?&$£€

70 Punkt

Mojo
Jim Parkinson, 1960
www.adobe.com/type

FLOWER POWER UND REVOLTE

BELL BOTTOM LASER

Superheld

95 Punkt

ABCDEFGHI
JKLMNOPQR
STUVWXYZ
abcdefghijklm
nopqrstuvwxyz
1234567890
(?¿&$!:;)

40 Punkt

Bell Bottom Laser
1991
www.dafont.com

☞ CD

COASTER

Comic

140 Punkt

ABCDEFGHI
JKLMNOPQR
STUVWXYZ
abcdefghijklm
nopqrstuvwxyz
1234567890
(äöü!?&$:;)

43 Punkt

Coaster
Dieter Steffmann, 2001
www.steffmann.de

FLOWER POWER UND REVOLTE

BABY KRUFFY

CLUB

170 Punkt

ABCDEFGHI
JKLMNOPQR
STUVWXYZ
abcdefghijklm
nopqrstuvwxyz
äöÜ1234567890
(!?$&$@*)

38 Punkt

520

Baby Kruffy
Fontalicious Fonts, 1999
www.fontalicious.com

☞ CD

»The Fever Berlin«,
Flyer, um 2008

BAVEUSE

FReaK

95 Punkt

aBCDeFGHI
JKLMnOPQR
STUVWXYZ
1234567890
äöÜ!?&ß£€@

40 Punkt

Baveuse
Ray Larabie, 2000
www.larabiefonts.com

FLORALIES

FLoWeR

105 Punkt

abcDeFgHi
JKLMNoPQR
STUVWXYZ
abcDeFgHiJkLMN
oPQRSTUVWXYZ
1234567890
.-0!?&$,;

37 Punkt

Floralies
Keith Field, 1994
www.dafont.com

»The 13th Floor Elevators«,
Plattencover, John Cleveland, 1967

POP UND DISCO

HENDRIX

PSYCHE

120 Punkt

ABCDE
FGHI
JKLMN
OPQR
STUVW

60 Punkt

Hendrix,
Dave Nalle, 2002
www.fontcraft.com

HYPMOTIZIN

110 Punkt

45 Punkt

Hypmotizin
Rich Gast, 1999
greywolfwebworks.home.insightbb.com

STARBURST

90 Punkt

ABCDEFGHI
JKLMNOPQR
STUVWXYZ
1234567890
!?&$:;

43 Punkt

Starburst
David Rakowski, 1990
www.dafont.com

STILLA

Lava Lampe

70 Punkt

ABCDEFGHI
JKLMNOPQR
STUVWXYZ
abcdefghijklm
nopqrstuvwxyz
äöü1234567890
(!?&ß£§€:;)

30 Punkt

Stilla
François Boltana, 1973
www.linotype.com

FLAMENCO INLINE

Playback

100 Punkt

ABCDEFGHI
JKLMNOPQR
STUVWXYZ
abcdefghijklm
nopqrstuvwxyz
äöü1234567890
(„!?&ß£$€:;")

41 Punkt

Flamenco Inline
Tony Geddes, 1979
www.linotype.com

BAD MOFO

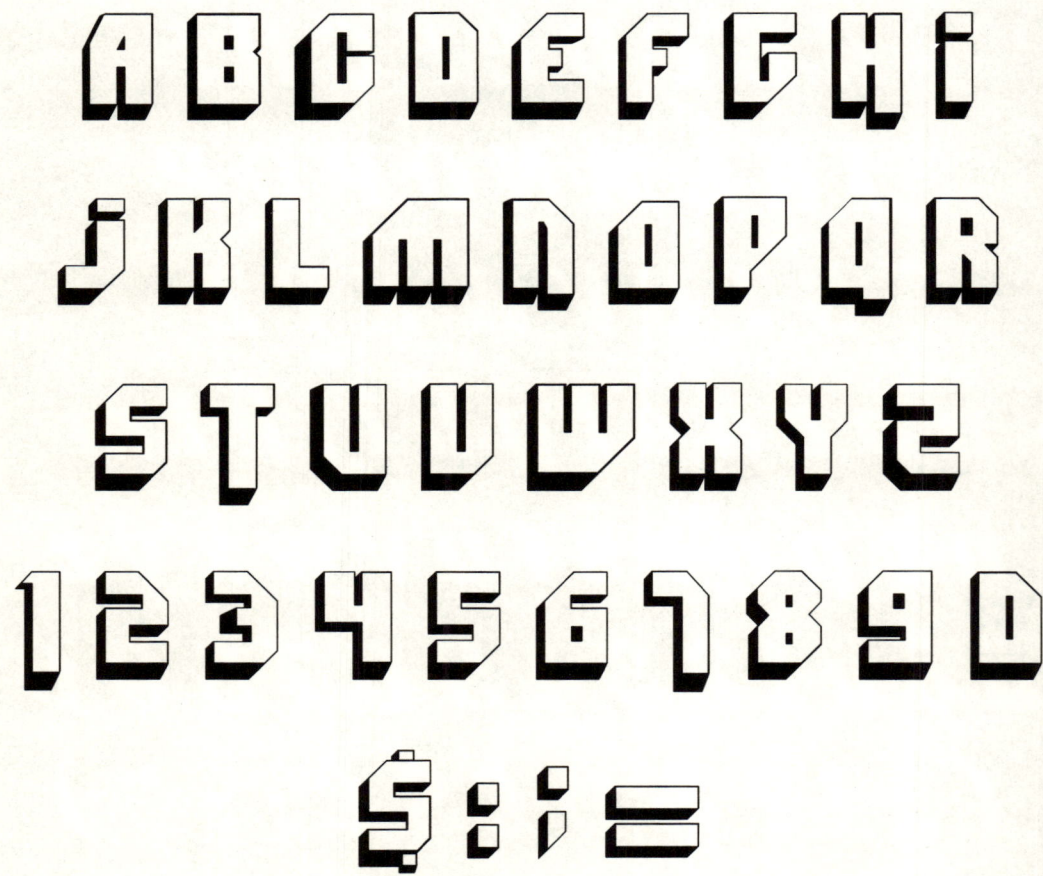

Bad Mofo
Christopher Hansen, 2004
www.dafont.com

WELTRON 2001

105 Punkt

ABCDEFGHIJKLM
NOPQRSTUVWXYZ
abcdefghijklm
nopqrstuvwxyz
1234567890
(äöü?!$¢@.,;"·)

34 Punkt

Weltron 2001
Fontalicious Fonts, 2001
www.fontalicious.com

MUSICALS

MU🎼IC

95 / 170 Punkt

ABCDEFGH
IJKLMNOPQR
STUVWXYZ
1234567890
♪♫𝄞!?$@✼

50 Punkt

Musicals
Brad O. Nelson, 2000
www.braineaters.com

»Pluxus«, CD-Cover,
Burnfield, 2002

FLOWER POWER UND REVOLTE

AMERICAN TYPEWRITER

I love NewYork

85 Punkt

ABCDEFGHI
JKLMNOPQR
STUVWXYZ
abcdefghijklm
nopqrstuvwxyz
äöü1234567890
(„!?&ß£$€")

40 Punkt

American Typewriter
Edward Benguiat, Tony Stan, Joel Kaden, 1974
www.adobe.com/type

HARLOW

Discothek

100 Punkt

A B C D E F G H I
J K L M N O P Q R
S T U V W X Y Z
a b c d e f g h i j k l m
n o p q r s t u v w x y z
ä ö ü 1 2 3 4 5 6 7 8 9 0
(„ ! ? & fi fl ß £ $: ; ")

42 Punkt

Harlow
Colin Brignall, 1977/79
www.linotype.com

WALKMAN, ZAUBERWÜRFEL UND NULL BOCK

ChicagoFLF
Richard A. Ware
1990–92 | Seite 548

1975
—
1990

Achtziger Jahre

ANYTHING GOES

Der erste Macintosh von Apple
aus dem Jahr 1984

Steadmanesque
Foxx Nolte
2003 | Seite 569

9

Walkman, Zauberwürfel und Null Bock
Postmoderne und Punk

circa 1975–1990

Grafik und Typografie sind undogmatisch und frei geworden. Suchte die Moderne noch nach einer alleingültigen visuellen Form, zelebriert man nun einen Pluralismus der Stile und Einflüsse. Dazu gehört auch die Loslösung vom Funktionalismus. Formen werden über ihre primären Funktionen hinaus mit semantischen Anspielungen aufgeladen, es wird zitiert, ironisiert, collagiert. Während die Verfechter der Moderne häufig die kommerzielle Massenkultur kritisierten, wird die Postmoderne selbst zur herrschenden Kultur. Dabei wächst auch die Bedeutung von Design an sich und die achtziger Jahre avancieren zum Design-Jahrzehnt.

»ID«, Zeitschriftencover,
Ausgabe August 1985

Walkman, Zauberwürfel und Null Bock
Postmoderne und Punk

circa 1975–1990

Arcadia
Neville Brody
1990 | Seite 584

Crazy Killer
The Font Emporium
1998 | Seite 574

Die Gestaltung dieser Epoche sieht ihre Aufgaben nicht nur im Schaffen von Innovationen, sondern vor allem auch in der Rekombination oder der neuen Anwendung vorhandener Ideen und Formen. Also werden Formen vergangener Dekaden zitiert, neu belebt und miteinander gemischt. In dieser Haltung sieht man, aller Kritik zum Trotz, keinen Rückschritt, sondern eine logische Konsequenz. Für die immer stärker fragmentierte Gesellschaftsstruktur kann ein auf Allgemeingültigkeit ausgerichteter Stil keine Befriedigung mehr liefern. Es werden neue Schriften entworfen, die sich jedoch nicht kategorisch zusammenfassen lassen. Wie im Art déco erkennt man bei manchen Schriften die Lust am Experimentieren mit geometrischen Figuren. Daneben entstehen Schriften wie die Chicago, die als erste Systemschrift für Apple eingesetzt wird, aber auch ganz andere Entwürfe, die etwa den Disco-Style der Siebziger aufgreifen.

Auf der anderen Seite entwickelt die Punk-Kultur ihren ganz eigenen typografischen Ausdruck: Es wird gekritzelt, aus Zeitungsbuchstaben collagiert, fragmentarisch zusammengeklebt, zerrissen und übermalt oder mit der Schreibmaschine getippt und kopiert. Zufälligkeit und Irritation werden zu wesentlichen Gestaltungselementen. Die zerstörte Optik kann noch durch die Produktion gesteigert werden: Plakate werden einfach kopiert oder im Siebdruckverfahren in Kellern und Garagen vervielfältigt, um dann an Laternenmasten und Wänden illegal plakatiert zu werden.

Schriften

Antiqua-Varianten

Die Schriften der Achtziger haben sich endgültig vom Funktionalismus losgelöst. Die Schriftformen werden über ihre Funktion hinaus mit Anspielungen aufgeladen, es wird zitiert und collagiert.

Merkmale

Headline-Schriften

Einige für den Display-Bereich bestimmte Fonts entwickeln den Disco-Style der Seventies weiter. Linien und andere Effekte bleiben charakteristisch für diesen Stil.

Merkmale

Postmoderne Schriften

Mit der Digitalisierung werden bei manchen Entwürfen gezielt alle Regeln traditioneller Typografie bis zur Unleserlichkeit gebrochen. Diese Schriften spielen oft mit den Zutaten »Fehler« und »Zufall«.

Merkmale

SINALOA

Geo-Schriften

An die Stilmerkmale des Art déco knüpfen jene Schriftenwürfe an, die rein aus geometrischen Figuren konstruiert sind. Mit dem Verzicht auf Punzen wird ein eigenwilliges Schriftbild erreicht.

Merkmale

Senator

Pixel-Schriften

Die ersten Pixelschriften und jene, die so anmuten, zeugen vom Siegeszug des Personal Computers in den Designbüros. Die technische Einschränkung wird bewusst ästhetisch eingesetzt.

Merkmale

Trash-Schriften (Punk)

Freilich sind die Punk-Plakate nicht gesetzt, sondern tatsächlich gekritzelt oder collagiert. Heute verfügen wir dank Postscript über zahlreiche Fonts, bei denen zumindest der Entwurf daran anknüpft.

Merkmale

Merkmale

zum Beispiel:
Moksha
Eduardo Recife
2007 | Seite 572

zum Beispiel:
Senator
Zuzana Licko
1988 | Seite 559

zum Beispiel:
Sinaloa
Rosemarie Tissi
1974 | Seite 594

zum Beispiel:
Scratched Out
Pierredi Sciullo
1992 | Seite 582

zum Beispiel:
Slipstream
Letraset
1985 | Seite 603

zum Beispiel:
Variex
Rudy VanderLans
Zuzana Licko
1988 | Seite 587

Schriften

Der Mainstream schöpft gerne aus den Formen des Art déco. Kreis, Dreieck und Quadrat werden ornamental eingesetzt oder bilden buchstabenähnliche Formen und Signets. Passend dazu greift man gerne zu Groteskschriften im Duktus der Futura oder der Avantgarde. Nach den fetten Schnitten der Siebziger darf es jetzt auch mal extra-light sein. Mitunter kombiniert man sie mit Pinsel- und Plakatschriften.

Die Punk-Bewegung arbeitet mit Hand-, Schreibmaschinen- oder collagierten Schriften. Eben alles, was abgenutzt und kaputt erscheint, findet Gefallen.

Satz

Ob gekippt, schräg oder Rundsatz – alles ist nun erlaubt. Form- und Figurensatz ergänzen den kompositorischen Umgang mit geometrischen Formen im Editorial Design.

Ornamente

Auch hier bedient man sich der geometrischen Form, außerdem nutzt man Linien und Wellen. Zudem werden gerne alle möglichen historischen Versatzstücke verwendet, selbst Kitsch und Parodie werden nicht gescheut. Poppige Neon-Farben und die Druck-Grundfarben Cyan, Magenta und Yellow sind in Mode. Die Farben der Punk-Ästhetik beschränken sich häufig auf Schwarz-Weiß, Graustufen und Rot.

»PAGE«, Zeitschriftencover,
Gabriele Günder, 1989

MODULA

Editorial Design

115 Punkt

A B C D E F G H I J K L M
N O P Q R S T U V W X Y Z
a b c d e f g g h i j k l
m n o p q r s t u v w x y z
ä ö ü 1 2 3 4 5 6 7 8 9 0
(! ? & fi fl ß $ @ : ;)

60 Punkt

Modula
Zuzana Licko, 1985
www.emigre.com

ITC OFFICINA SANS

Bürokraft

70 Punkt

ABCDEFGHI
JKLMNOPQR
STUVWXYZ
abcdefghijklm
nopqrstuvwxyz
1234567890
(äöü!?&ß£$@:;)

43 Punkt

ITC Officina Sans
Erik Spiekermann, 1990
www.adobe.com/type

ROTIS SANS SERIF

Küchenhilfe

70 Punkt

ABCDEFGHI
JKLMNOPQR
STUVWXYZ
abcdefghijklm
nopqrstuvwxyz
1234567890
(äöü!?&ß£$@)

42 Punkt

Rotis Sans Serif
Otl Aicher, 1989
www.adobe.com/type

BLUR

Print error

140 Punkt

ABCDEFGHI
JKLMNOPQR
STUVWXYZ
abcdefghijklm
nopqrstuvwxyz
äöü1234567890
(!?&fiflß£$@:;)

46 Punkt

Blur
Neville Brody, 1992
www.fontfont.com

TEMPLATE GOTHIC

Young Urban Professional

70 Punkt

ABCDEFGHI
JKLMNOPQR
STUVWXYZ
abcdefghijklm
nopqrstuvwxyz
äöü1234567890
(!?&fiflß£$at:;)

36 Punkt

Template Gothic
Barry Deck, 1990
www.emigre.com

CHICAGOFLF

Macintosh

70 Punkt

ABCDEFGHI
JKLMNOPQR
STUVWXYZ
abcdefghijklm
nopqrstuvwxyz
äöü1234567890
(!?&ß £$@:;)

36 Punkt

ChicagoFLF
Richard A. Ware, 1990–92
www.fontstock.net

CD

ISONORM 3098

Standard

100 Punkt

ABCDEFGHI
JKLMNOPQR
STUVWXYZ
abcdefghijklm
nopqrstuvwxyz
1234567890
(äöü!?&ß£$@:;)

45 Punkt

Isonorm 3098
International Standard Org., 1980
www.linotype.com

DEMOCRATICA

wie ihr werk
das licht der welt
erblickt

50 Punkt

A B C D E F G H I
J K L M N O P Q R
S T U V W X Y Z
a b c d e f g h i j k l m
n o p q r s t u v w x y z
1 2 3 4 5 6 7 8 9 0
(ä ö ü ! ? & ß £ $ @ : ;)

45 Punkt

Democratica
Miles Newlyn, 1991
www.emigre.com

ROTIS SEMI SERIF

Eine Idee zu haben, ist nicht teuer.
Sie kostet zwar einiges an Überlegung,
ansonsten aber nur Papier
und ein paar Zentimeter Bleistift.

20 Punkt

ABCDEFGHI
JKLMNOPQR
STUVWXYZ
abcdefghijklm
nopqrstuvwxyz
1234567890
(äöü!?&ß£$@)

42 Punkt

Rotis Semi Serif
Otl Aicher, 1988
www.adobe.com/type

»ARENA«, Zeitschriftencover,
Neville Brody, 1988

INSIGNIA

Bunker

120 Punkt

ABCDEFGHI
JKLMNOPQR
STUVWXYZ
abcdefghijklm
nopqrstuvwxyz
1234567890
äöü!?&fiflß£$@

44 Punkt

Insignia
Neville Brody, 1989
www.adobe.com/type

LUNATIX

Rundgang

90 Punkt

ABCDEFGHI
JKLMNOPQR
STUVWXYZ
abcdefghijklm
nopqrstuvwxyz
1234567890
(äöü!?&ß£$a:;)

42 Punkt

Lunatix
Zuzana Licko, 1988
www.emigre.com

ULTRABRONZO

ROHBAU

95 Punkt

ABCDEFGHI
JKLMNOPQR
STUVWXYZ

ABCDEFGH1JKLM
NOPQRSTUVWXYZ
1234567890
(ÄÖÜ!?&ß£$@:;)

37 Punkt

UltraBronzo
Rick Valicenti, 1992
www.vllg.com

CITIZEN

Ecken und Kanten

80 Punkt

ABCDEFGHI
JKLMNOPQR
STUVWXYZ
abcdefghijklm
nopqrstuvwxyz
äöü1234567890
(!?&fiflß£ṡạ)

40 Punkt

Citizen
Zuzana Licko, 1986
www.emigre.com

POSTMODERNE UND PUNK

TRIPLEX

Kurvenreich

80 Punkt

ABCDEFGHI
JKLMNOPQR
STUVWXYZ
abcdefghijklm
nopqrstuvwxyz
äöü1234567890
(!?&ﬁﬂß£$@:;)

45 Punkt

Triplex
Zuzana Licko, 1989
www.emigre.com

WALKMAN, ZAUBERWÜRFEL UND NULL BOCK

OBLONG

Pixelschubse

115 Punkt

A B C D E F G H I J K L M
N O P Q R S T U V W X Y Z
a b c d e f g h i j k l m
n o p q r s t u v w x y z
1 2 3 4 5 6 7 8 9 0
[ä ö ü ! ? € £ $ @ : ;]

60 Punkt

Oblong
Rudy VanderLans, Zuzana Licko, 1988
www.emigre.com

SENATOR

Konsulat

120 Punkt

ABCDEFGHIJKLM
NOPQRSTUVWXYZ
abcdefghijklm
nopqrstuvwxyz
1234567890
[äöü!?&ß$G:;]

50 Punkt

Senator
Zuzana Licko, 1988
www.emigre.com

ARBITRARY

Desktop

120 Punkt

ABCDEFGHI
JKLMNOPQR
STUVWXYZ
abcdefghijklm
nopqrstuvwxyz
1234567890
(äöü!?&ß£$@:;)

40 Punkt

Arbitrary
Barry Deck, 1990
www.emigre.com

MATRIX

Was ist, was bringt und was kostet
das Desktop Publishing? Noch hat Pionier
Apple die Nase weit vorn – doch die
Konkurrenz wacht auf.

20 Punkt

ABCDEFGHI
JKLMNOPQR
STUVWXYZ
abcdefghijklm
nopqrstuvwxyz
1234567890
(äöü!?&ß£$@:;)

49 Punkt

Matrix
Zuzana Licko, 1986
www.emigre.com

KEEDY SANS

Partyflyer

75 Punkt

ABCDEFGHi
JKLMNOPQR
STUVWXYZ
abcdefghijklm
nopqrstuvwxyz
1234567890
(!?&ß$£@*:;)

40 Punkt

Keedy Sans
Jeffery Keedy, 1990
www.emigre.com

»Basement Jaxx«, CD-Cover,
Big Active, um 2000

DEAD HISTORY

Anything goes

50 / 100 Punkt

ABCDEFGHI
JKLMNOPQR
STUVWXYZ
abcdefghijklm
nopqrstuvwxyz
1234567890
(äöü!?&ß£$@:;)

40 Punkt

Dead History
P. Scott Makela, 1990
www.emigre.com

ENTROPY

HYBRID

110 Punkt

ABCDEFGHI
JKLMNOPQR
STUVWXYZ
1234567890
(!?&₤£$@:;)
ÄÖÜ

45 Punkt

Entropy
Stephen Farrell, 1993
www.t26.com

Théâtre National, Plakat,
Grapus, 1982

SMACK

Nuckelflasche

75 Punkt

ABCDEFGHI
JKLMNOPQR
STUVWXYZ
abcdefghijklm
nopqrstuvwxyz
äöü1234567890
!?&fiflß£€@:;

41 Punkt

Smack
Jill Bell, 1995
www.linotype.com

BRONX

Breakdance

63 Punkt

ABCDEFGHI
JKLMNOPQR
STUVWXYZ
abcdefghijklm
nopqrstuvwxyz
1234567890
(äöü!?&ß€$:;)

37 Punkt

Bronx
David Quay, 1986
www.linotype.com

STEADMANESQUE

120 Punkt

35 Punkt

Steadmanesque
Foxx Nolte, 2003
www.dafont.com

»Sex Pistols«, Plattencover,
Jamie Reid, 1977

BROKEN 15

Lösegeld

140 Punkt

ABCDEFGHI
JKLMNOPQR
STUVWXYZ

abcdefghijklm
nopqrstuvwxyz
äöü1234567890
(!?&ß£$@)

50 Punkt

Broken 15
Eduardeo Recife, 2001
www.misprintedtype.com

MOKSHA

Plakatieren Verboten!

90 Punkt

ABCDEFGHI
JKLMNOPQR
STUVWXYZ
abcdefghijklm
nopqrstuvwxyz
1234567890
(!?&ß§$€@*:;)

40 Punkt

Moksha
Eduardo Recife, 2007
www.misprintedtype.com

»Stalky«, Serie von Xerox-Drucken,
Scott King, 2006

CRAZY KILLER

Crazy Killer
The Font Emporium, 1998
www.dafont.com

SECRET LABS

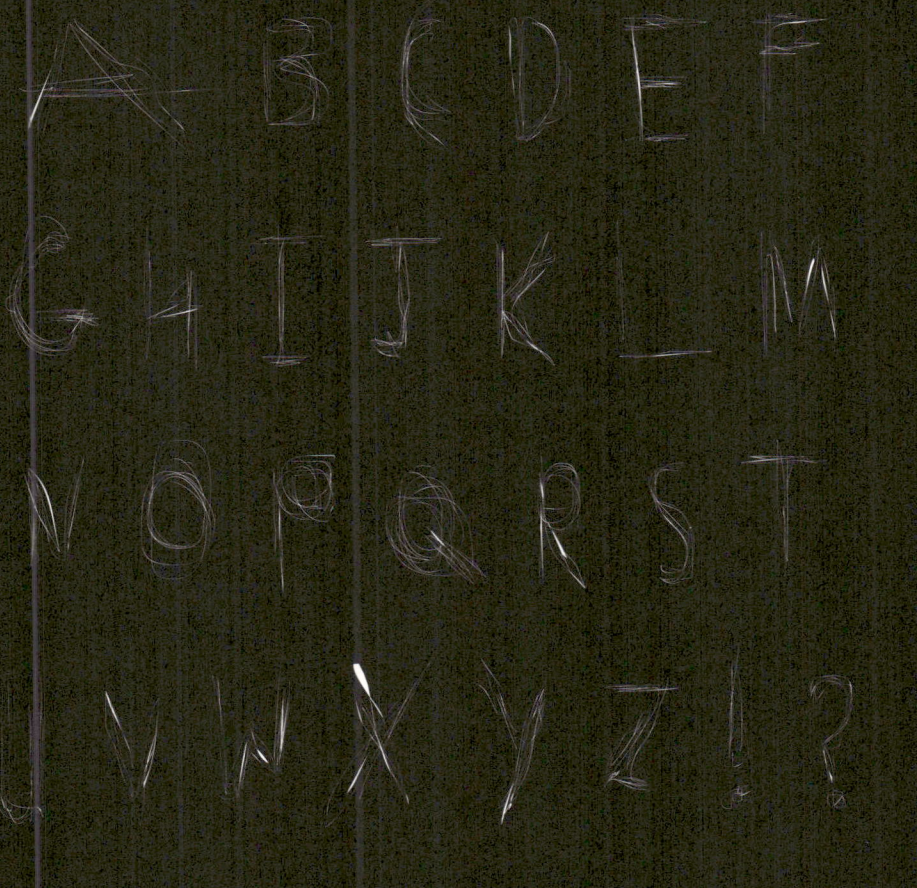

110 Punkt

70 Punkt

Secret Labs
Tom Murphy, 1996
fonts.tom7.com

»Avengers«, Plakat,
Penelope Houston, 1977

DAUBED

115 Punkt

42 Punkt

Daubed
Christoph Köckerling, 2008
www.fontsy.com

»The Nuns«,
Plakat, 1977

CHICKENSCRATCH AOE

Lipstick

125 Punkt

ABCDEFGHI
JKLMNOPQR
STUVWXYZ
abcdefghijklm
nopqrstuvwxyz
1234567890
(äöü!?&ß£$€@)

42 Punkt

ChickenScratch AOE
Brian J. Bonislawsky, 2006
www.astigmatic.com

WALKMAN, ZAUBERWÜRFEL UND NULL BOCK

HARTING

Typewriter

100 / 60 Punkt

ABCDEFGHI
JKLMNOPQR
STUVWXYZ
abcdefghijkln
opqrstuvwxyz
1234567890
(äöü!?&ß$:;)

40 Punkt

Harting
David Rakowski, 1992
www.dafont.com

CD

DIESEL

Waldsterben
Saurer Regen
Schadstoffe

50 Punkt

ABCDEFGHI
JKLMNOPQR
STUVWXYZ
abcdefghijklm
nopqrstuvwxyz
1234567890
(äöü!?&$€@:,)

40 Punkt

Diesel
Eduardo Recife, 2000
www.misprintedtype.com

SCRATCHED OUT

120 Punkt

40 Punkt

Scratched Out
Pierredi Sciullo, 1992
www.fontfont.com

GUILTY

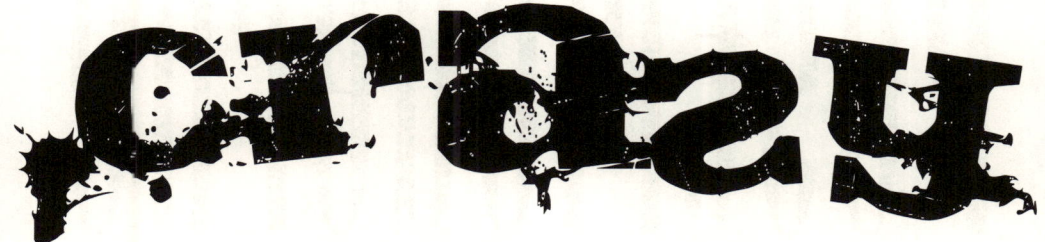

110 Punkt

a b c d e f g h
i j k l m n o
p q r s t u v
w x y z ä ö ü
1 2 3 4 5 6 7 8 9 0
(! ? & ß $ € @ : ;)

50 Punkt

Guilty
Eduardo Recife, 2001
www.misprintedtype.com

ARCADIA

Postmoderne

170 Punkt

A B C D E F G H I J K L M
N O P Q R S T U V W X Y Z
a b c d e f g h i j k l m
n o p q r s t u v w x y z
ä ö ü 1 2 3 4 5 6 7 8 9 0
(» ! ? & ä ñ ß E § : ; «)

56 Punkt

Arcadia
Neville Brody, 1990
www.adobe.com/type

INDUSTRIA

Eighties

160 Punkt

A B C D E F G H I J K L M
N O P Q R S T U V W X Y Z
a b c d e f g h i j k l m
n o p q r s t u v w x y z
ä ö ü 1 2 3 4 5 6 7 8 9 0
[» ! ? & fi fl ß $: ; «]

56 Punkt

Industria
Neville Brody, 1989
www.adobe.com/type

NEON LIGHTS

120 Punkt

49 Punkt

Neon Lights
Allen R. Walden, 1993
www.dafont.com

VARIEX

Silly types

75 Punkt

AbcdefgHi
jkLMNopqr
stuvwxyz
abcdefghijkLM
NopqrstuvwxyZ
1234567890
äöü!?&ﬁﬂ£:;

34 Punkt

Variex
Rudy VanderLans, Zuzana Licko, 1988
www.emigre.com

GEOMI

Sport

190 Punkt

ABCDEFGHI
JKLMNOPQR
STUVWXYZ
abcdefghijklm
nopqrstuvwxyz
1234567890

58 Punkt

Geomi
Kristina Klinkmüller, 2009
www.volcano-type.de

Puma, Schaufenstergestaltung,
C100 Purple Haze, 2008

ECHO DECO

145 Punkt

50 Punkt

Echo Deco
Rich Gast, 1999
greywolfwebworks.home.insightbb.com

SOPHIA

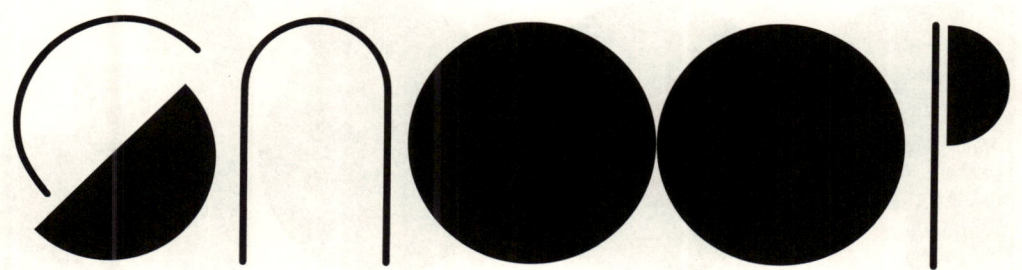

130 Punkt

75 Punkt

Sophia
Jérôme Berthemet, 2008
www.dafont.com

RNS BOBO DYLAN

155 Punkt

ABCDEFGHI
JKLMNOPQR
STUVWXYZ
1234567890
ÄÖÜ!?$

55 Punkt

RNS Bobo Dylan
Yorlmar Campos, 2007
www.impactolaser.com

»Marsmobil«, CD-Artwork,
C100 Purple Haze, 2006

SINALOA

80 Punkt

44 Punkt

Sinaloa
Rosemarie Tissi, 1974
www.linotype.com

POSTMODERNE UND PUNK

DIET

150 Punkt

ABCDEFGHIJKLM
NOPQRSTUVWXYZ
ABCDEFGHIJKLM
NOPQRSTUVWXYZ
ÄÖÜ1234567890
(,.?:;"")

36 Punkt

Diet
Daniel Angermann, 2008
www.daniel-angermann.de

WALKMAN, ZAUBERWÜRFEL UND NULL BOCK

DEKO

AKTION

80 Punkt

ABCD
EFGHI
JKLMN
OPQRS
TUVW
XYZ

60 Punkt

Deko
Ingo Zimmermann, 2006
www.ingofonts.com

H&M, Postkarte,
Edgar Freecards, 2009

WALKMAN, ZAUBERWÜRFEL UND NULL BOCK

CRACKMAN

PAC

160 Punkt

ABCDEFGHI
JKLMNOPQR
STUVWXYZ
1234567890

45 Punkt

CrackMan
Ray Larabie, 1998
www.larabiefonts.com

CD

DISCO DECK SHADOW

120 Punkt

45 Punkt

Disco Deck Shadow
Iconian Fonts, 2005
www.iconian.com

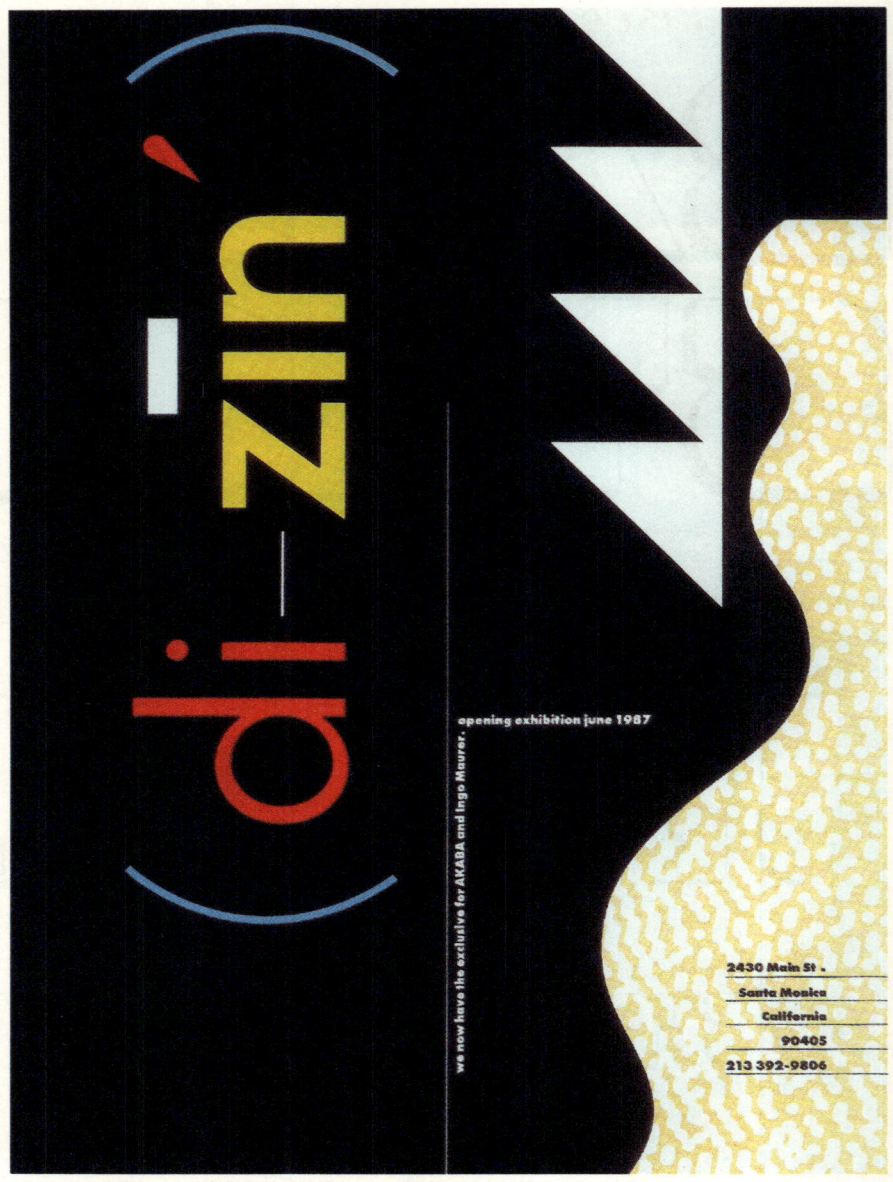

»di-zin'«, Plakat,
April Greiman, 1987

LINOTYPE BLACKWHITE

90 Punkt

40 Punkt

Linotype BlackWhite
Ferdinay Duman, 1989
www.linotype.com

SHATTER

Videorekorder

70 Punkt

ABCDEFGHI
JKLMNOPQR
STUVWXYZ
abcdefghijklm
nopqrstuvwxyz
1234567890
(äöü!?&ß£$:;)

46 Punkt

Shatter
Vic Carless, 1973
www.linotype.com

SLIPSTREAM

WHOOOSCH!

58 Punkt

ABCDEFGH
IJKLMNOP
QRSTUVW
XYZÄÖÜ
1234567890
(?!&£$:;)

47 Punkt

Slipstream
Letraset, 1985
www.linotype.com

CRILLEE

Furious

100 Punkt

ABCDEFGHI
JKLMNOPQR
STUVWXYZ
abcdefghijklm
nopqrstuvwxyz
1234567890
(äöü!?&ß£$@)

35 Punkt

Crillee
P. Donnell, D. Jones, W. Whitlock, 1980
www.linotype.com

POSTMODERNE UND PUNK

GERSTNER ORIGINAL

Konsole

100 Punkt

ABCDEFGHI
JKLMNOPQR
STUVWXYZ
abcdefghijklm
nopqrstuvwxyz
1234567890
(äöü!?&ß£$:;)

40 Punkt

Gerstner Original
Karl Gerstner, 1987
www.bertholdtypes.com

FRUTIGER

Die Helvetica der 80er Jahre

50 Punkt

ABCDEFGHI
JKLMNOPQR
STUVWXYZ
abcdefghijklm
nopqrstuvwxyz
1234567890
(äöü!?&ß£$@:;)

41 Punkt

Frutiger
Adrian Frutiger, 1976
www.adobe.com/type

NEWS GOTHIC BT BOLD CONDENSED

Der Triumph des Corporate Design

50 Punkt

ABCDEFGHI
JKLMNOPQR
STUVWXYZ
abcdefghijklm
nopqrstuvwxyz
1234567890
(äöü!?&ß£$@)

40 Punkt

News Gothic BT Bold Condensed
Bitstream Inc., 1990
Morris Fuller Benton, 1909
www.bitstream.com

ANHANG

10 Anhang

Literaturverzeichnis **610**
Copyright **611**
Register der Schriften **612**
Register der Schriftentwerfer **616**
Register der Foundries **619**
Register der Abbildungen **623**
Impressum **624**

Literaturverzeichnis

Bäumler Susanne
Die Kunst zu werben
Münchner Stadtmuseum, 1996

Baines Phil, Haslam Andrew
Lust auf Schrift
Verlag Hermann Schmidt Mainz, 2002

Böhmer Achim, Hausmann Sara
Retrodesign
Verlag Hermann Schmidt Mainz, 2009

Bank Austria (Herausgeber)
Der optische Skandal
Kunstforum der Bank Austria, 1992

Beiersdorf AG (Herausgeber)
Zeitdokument Werbung am Beispiel Nivea 1912–1977
Beiersdorf AG, 1977

Buchholz Kai, Wolbert Klaus
Im Designerpark
Häusser.media Verlag, 2004

Friedl Friedrich
Die Univers von Adrian Frutiger
Verlag form, 1998

Hauffe Thomas
Schnellkurs Design
DuMont, 1995

Kapr Albert, Schiller Walter
Gestalt und Funktion der Typographie
VEB Fachbuchverlag, 1977

Lechner Herbert
Die Geschichte der modernen Typografie
Verlag Karl Thiemig, 1981

Lewandowsky Pina
Schnellkurs Grafik-Design
DuMont, 2006

Luidl Philipp
Die Schwabacher
Moro Verlag, 2003

Ott Nicolaus, Stein Bernard, Friedl Bernard
TYPO – Wer? Wie? Wann?
Könemann, 1998

Poynor Rick
Anarchie der Zeichen
Birkhäuser, 2003

Rennhofer Maria
Kunstzeitschriften der Jahrhundertwende
Christian Brandstätter Verlag & Edition, 1987

Sauthoff Daniel, Wendt Gilmar, Willberg Hans Peter
Schriften erkennen
Verlag Hermann Schmidt Mainz, 1998

Schalansky Judith
Fraktur mon Amour
Verlag Hermann Schmidt Mainz, 2008

Schmitt Günter
Typografische Gestaltungsepochen
Arbeitsgemeinschaft für grafische Lehrmittel, 1983

Schuler Günter
Der Typo Atlas
SmartBooks, 2000

Tschichold Jan
Die neue Typographie
Brinkmann und Bose, 1987

Tschichold Jan
Schriften 1925–1974, Band 1
Brinkmann und Bose, 1991

Weidemann Kurt
Typopictura – 30 Jahre werbende Typographie
Typo-Knauer, 1981

Willberg Hans Peter
Die Fraktur und der Nationalsozialismus
www.gazette.de/Archiv/Gazette-Mai2001/Willberg.html

Willberg Hans Peter
Hundert Jahre Typografische Gesellschaft München
Typografische Gesellschaft München, 1990

Willberg Hans Peter
Wegweiser Schrift
Verlag Hermann Schmidt Mainz, 2001

Copyright

Trademarks

Plak is a trademark of Linotype Corp. registered in the U.S. Patent and Trademark Office and may be registered in certain other jurisdictions in the name of Linotype Corp. or its licensee Linotype GmbH.

Linotype, Linotype Library, Linotype Univers, Linotype BlackWhite, Choc, Linotype Dharma, Madame, Microgramma, Renner, Reporter, Rundfunk Grotesk, Saphir, Tiemann and Zeppelin are trademarks of Linotype GmbH and may be registered in certain jurisdictions.

Eurostile, Sistina and Umbra are trademarks of Linotype GmbH registered in the U.S. Patent and Trademark Office and may be registered in certain other jurisdictions.

Futura is a registered Trademark of Bauer Types.

Annlie, ITC Bottleneck, Bronx, Buster, Dolmen, Flamenco, Flamme, ITC Rennie Mackintosh, ITC Ronda, Shatter, Sinaloa, Slipstream, Smack, ITC Vintage and Xylo are trademarks of International Typeface Corporation and may be registered in certain jurisdictions.

Gallia is a trademark of The Monotype Corporation and may be registered in certain jurisdictions.

Matura is a trademark of The Monotype Corporation registered in the U.S. Patent and Trademark Office and may be registered in certain jurisdictions.

Apple, Macintosh and TrueType are registered trademarks of Apple Computer Inc.

Adobe, Adobe Type Manager, ATM, Acrobat, Acrobat Reader and PostScript are trademarks of Adobe Systems Incorporated, which may be registered in certain jurisdictions.

Microsoft, Windows and OpenType are registered trademarks of Microsoft Corporation.

We reserve the right of errors and changes.

Copyright © 2009 Linotype GmbH, 61352 Bad Homburg, Germany.

Abbildungen

El Lissitzky
Briefkopf, 1925
© VG Bild-Kunst, Bonn 2009
Seite 266

Ludwig Hohlwein
»Luftschutz!«, Plakat, 1936
© VG Bild-Kunst, Bonn 2009
Seite 270

Ludwig Hohlwein
»Deutsche Reichspost«, Plakat, 1935
© VG Bild-Kunst, Bonn 2009
Seite 290

Eugen Max Cordier
»Die Pestnot anno 1633«,
Plakat, 1949
© VG Bild-Kunst, Bonn 2009
Seite 386

Jaque Richez
»Copaline«, Plakat, 1971
© VG Bild-Kunst, Bonn 2009
Seite 488

Register der Schriften

A

AddElectricCity *442*
Adresack *97*
Air Conditioner *368*
Airstream *364*
Akka *481*
Akzidenz Grotesk *403*
Alba Super *502*
Albertus *285*
Alison *395*
Ambrosia *129*
Amelia *416*
American Typewriter *534*
Anagram *200*
AnAkronism *170*
Annlie *375*
AnnStone *127*
Antique No 14 *171*
Antique Olive *434*
Arbitrary *560*
Arcadia *584*
Armin *252*
Arnold Böcklin *88*
Art Nouveau Caps *89*
As seen on TV *454*
Atomic *412*
AtomicBomb *449*
Augsburger Schrift *91*
Auriol *118*
Avenger *262*

B

Baby Kruffy *520*
Bad Mofo *530*
Baldur *114*
Bank Gothic *245*
Bauhaus *510*
Baveuse *522*
BD Alm *253*
BeautySchoolDropoutII *222*
Behrens-Schrift *113*
Bell Bottom Laser *518*
Bell Gothic Black *281*
Bernard MT Condensed *321*
Bernhard Fashion *158*
Bernhard Modern *320*
Bernhard-Fraktur Extrafett *309*
Berthold City Bold *275*
Beton *276*
Bickham Script *54*
Bifur *197*
BigNoodleTitling *257*
Binner Gothic *208*
Black Wolf *443*
Blackhaus *302*
Blippo BT *478*
Block Berthold *328*
Blur *546*
Bottleneck *462*
Boulevard *340*
Bradley Initials *196*
Brahms-Gotisch *307*
Bremen *183*
Broadcast Titling *20*
Broadway *155*
Broken 15 *571*
Bronx *568*
Brush Script *390*
Bullpen 3D *346*
Buster *486*
Butterfield *465*

C

Cabaret *140*
Camilla *438*
Candice *466*
Candida Bold *318*
Campanile *99*
Cardiff *39*
Carmen *115*
Carrick Caps *107*
Cast Iron *38*
Champion *345*
Charme *341*
cheek2cheek (black!) *424*
Chevalier *388*
ChicagoFLF *548*
ChickenScratch AOE *579*
Chintzy CPU BRK *425*
Choc *352*
Circuit *450*
Circus Ornate *41*
Citizen *556*
Clarendon BT Black *79*
Coaster *519*
Commercial Script *52*
Compacta *411*
Complete *446*
Computerfont *422*
Cooper Black *473*
Copasetic *195*
Copperplate *60*
Corvinus *379*
Cottonwood *43*
Countdown *428*
CrackMan *598*
Crazy Killer *574*
Crillee *604*
Cyclops *447*

D

Dampfplatz Shadow *64*
Das Reicht Gut *250*
Data 70 *421*
Daubed *577*
Dead History *564*
Deko *596*
Delphin *387*
Democratica *550*
Depthcore Public *263*
Deutsche Zierschrift *70*
Deutsch-Gotisch *288*
Devinne Swash *131*

Dharma *211*
Diesel *581*
Diet *595*
DIN Mittelschrift *236*
DIN Schablonierschrift *251*
Disco 1 *501*
Disco Deck Shadow *599*
Diskus *339*
Dolmen *185*
Dolphian *380*
Drive-Thru *164*
Droid Lover *423*
DrumagStudioNF *186*
Dymaxion Script *369*

E

Echo Deco *590*
Eckmann *90*
Edition *324*
EF Radiant *198*
Egyptian (100) Bold Condensed *72*
Egyptientto2 *44*
Element Schmalfett *292*
Empire State Deco *156*
EmpireState *165*
Enge Holzschrift Shadow *67*
English Script (100) Bold *57*
Engravers Gothic *53*
Engravers Roman *56*
Engravier Initials *65*
Entropy *565*
Epoque *106*
Erbar *233*
Eurostile *452*
Express *392*

F

FacetsNF *214*
FancyPants *190*
Fanfare *296*
Fette Egyptienne *78*
Fette Thannhaeuser *286*
Fette Trump-Deutsch *287*
Fiesta *213*
Flamenco Inline *529*
Flamme *300*
Flash *315*
Floralies *523*
Folio *432*
FontleroyBrown *169*
Forelle *342*
Forum I *361*
Frankfurter Highlight *514*
Frutiger *606*
FSO revenge of zany *498*
FT Rosecube *36*
FullTiltBoogie *157*
Futura *230*
Futura LT Black *258*
Futura Classic *264*
Futura Display *384*
Futura Script EF *372*

G

Gallia MT *160*
Geo Sans Light *234*
Geomi *588*
Gerstner Original *605*
Gill Sans *246*
Gillies Gothic *367*
Goca Logotype Beta *248*
GoSoul *490*
Gotenburg A *308*
GrandPrix *218*
Gravity Sucks *417*
Grease *515*
Grenouille *362*
Grusskarten-Gotisch *48*
Guilty *583*
GuinnessExtraStout *168*
GypsyRose *376*

H

Hadley *108*
HamburgerHeaven *202*
Hansa *138*
Harlow *535*
Harting *580*
Hawthorn *470*
Helvetica *436*
Hendrix *525*
HeraldSquare *180*
Herkules *121*
Herold Reklameschrift *102*
Hobo *103*
Hohenzollern *94*
Holla *348*
Hominis *61*
Hood Ornament *370*
Horst *126*
Hurtmold *405*
Huxley Vertical *178*
Hypmotizin *526*

I

Impact *414*
Industria *585*
Initials with Curls *101*
Insignia *553*
IsadoraCaps *132*
Isonorm 3098 *549*
ITC Avant Garde Gothic *509*
ITC Benguiat *468*
ITC Benguiat Gothic *474*
ITC Eras *511*
ITC Officina Sans *544*
ITC Pioneer *487*
ITC Souvenir *467*
ITC Tiffany Heavy *471*
ITC Vintage *153*
Iwan Reschniev *238*

Register der Schriften

J

Jade Monkey *413*
JF Ferrule *33*
JF Ringmaster *17*
JF Spring Fair *23*
Jugendstil Ornamente *142*
Julia Script *497*
Jumbo Mumbo *192*

K

Kabel *231*
Kaiserzeit-Gotisch *49*
Kalligraphia *111*
Kaufmann *365*
Keedy Sans *562*
Keep on Truckin *494*
Kinigstein Caps *143*
Knightsbridge *507*
Koloss *203*
Konanur Kaps *134*
Kramer *105*

L

La Negrita *139*
Labyrinth *162*
Lamia *259*
Lazybones *492*
lcd.fr.st *499*
Leather *304*
Lettres Ombrées Ornées *62*
Lietz Alexander Nero *172*
Linotype BlackWhite *601*
Lorraine Script *496*
Louisianne *313*
Lunatix *554*

M

Madame *27*
Madonna *476*
Magnum *278*
Mama *495*

Mamma Gamma *242*
Marcelle Script & Swashes *343*
Matrix *561*
Matura MT *301*
Melior *356*
Memphis *299*
Menuetto *119*
Mercurius Bold Script *354*
MercuryBlob *440*
Mesquite *28*
Metroliner *323*
Metropolis CT *206*
Metropolitaines *87*
Metro-Retro *161*
Microgramma LT Bold Extended *409*
Miedinger *404*
Mistral *344*
Moderna *243*
Moderne Kirchen-Gotisch *68*
Modernique *207*
Modula *543*
Mojo *517*
Moksha *572*
Mulier Moderne *122*
Musicals *532*
MyGalSwoopyNF *193*

N

Nadall *152*
National Schmal *293*
Neon Lights *586*
Neuland *297*
News Gothic BT
    Bold Condensed *607*
Nickelodeon *205*
Nobel *247*
Nordland *311*
Normande BT *19*
Nougat *312*
Nyamomobile *255*

O

Oblong *558*
OCR-A *451*
Octopuss *503*
Odalisque *176*
Okay *314*
Onyx *325*
Orbit-B *418*
Outlaw *22*

P

P22 Albers *254*
P22 Bayer Universal *240*
P22 Constructivist *239*
Paisley Caps *59*
Parisian *177*
ParkLane *173*
Peignot *199*
Pepperwood *30*
Phuture *426*
Pike *359*
Pilsen Plakat *283*
Pinocchio *512*
Plak *280*
Plastic No 28 *430*
Plastische Plakat-Antiqua *66*
Platonick-Normal *167*
Playbill *51*
Ponderosa *76*
Poplar *34*
PopUps *215*
Post-Antiqua *284*
Postoffice *46*
Potsdam *291*
Pump Triline *479*
Puppylike *463*

Q

Qhytsdakx *439*
QuigleyWiggly *351*

R

Raphael *130*
Renner Antiqua *319*
Rennie Macintosh *92*
Reporter Two *353*
Retroheavy Future *444*
Reynold Art Deco *137*
RitzyRemix *188*
Rivanna *124*
RNS Bobo Dylan *592*
Rocket Script *373*
Rockwell *327*
Roland *95*
Ronda *475*
Rosewood *42*
Rotis Sans Serif *545*
Rotis Semi Serif *551*
Royal Acidbath *506*
Rudelsberg-Initialen *144*
Rudelsberg-Schmuck *145*
Rundfunk Grotesk *329*

S

Salto *393*
San Remo *135*
Sans Serif Shaded *35*
Sans Thirteen Black *73*
Saphir *377*
Saraband Initials & Lettering *71*
Sarsaparilla *181*
SavingsBond *330*
Schadow Black *360*
Scratched Out *582*
Sculptura CT *389*
Secret Labs *575*
Seeds *445*
Senator *559*
Serpentine *455*
Sesquipedalian *189*
SF Groove Machine *482*
Shadowed Serif *25*
Shagadelic *489*
Shatter *602*
Sho-Card-Caps *219*
Showtime *223*
Sinaloa *594*
Sistina *357*
Slipstream *603*
Smack *567*
Smaragd *381*
Sophia *591*
Spacebeach *483*
Spaceship Bullet *419*
SpeedFreek *427*
Speedlearn *265*
Starburst *527*
Steadmanesque *569*
Steelfish *408*
Stilla *528*
Stuntman *260*
Stymie *277*
Sunset *210*
Syntax *435*

T

Tango *504*
Tannenberg Fett *294*
TeamSpirit *349*
Template Gothic *547*
Thorne Shaded *18*
Thorowgood *75*
Tiemann *316*
Tom Bombadill *110*
Triplex *557*
Trump Gothic (East) *382*
Tschich *235*
Turnpike *267*

U

UltraBronzo *555*
Umbra *216*
Uncle Bob MF *175*
Univers *407*

V

Variex *587*
Velcro *484*
Verzierte Musirte Gotisch *26*
Victor *385*
Victor Moscoso *491*
Volan *123*
Volute *98*

W

Weiss Rundgotisch *303*
Weltron 2001 *531*
Werbedeutsch *289*
Willow *116*
Woodcut *47*
WoodenNickelBlack *322*

X

Xylo *184*

Z

Zebrawood *31*
Zeppelin *220*
Zyborgs *431*

Register der Schriftentwerfer

Anonym *46, 47, 132, 207, 324, 370, 376, 380, 422, 450, 481, 518*

A

Aicher Otl *545, 551*
Alonso Bob *496*
Angermann Daniel *595*
Aoki Atsushi *442*
Arboghast James *257*
Argel Billy *22, 405*
Arsaelsson Hreggvidur *446*
Atrax *438*
Auriol Georges *118*

B

Bates Keith *491*
Bauer K. F. *432*
Baum W. *432*
Bell Jill *567*
Benguiat Edward *467, 468, 471, 474, 510, 534*
Bensch Jeff *426*
Benton Morris Fuller *52, 103, 155, 177, 245, 277, 607*
Bernhard Lucian *158, 320, 321*
Berthemet Jérôme *591*
Berthold H. *19*
Biggenden S. *418*
Böcklin Arnold *88*
Boltana François *528*
Bonder Ronnie *487*
Bonislawsky Brian J. *579*
Boton Albert *511*
Bradley William H. *196*
Brignall Colin *428, 503, 504, 535*
Brody Neville *546, 553, 584, 585*
Butti A. *409*

C

Campos Yorlmar *592*
Carless Vic *602*
Carnase Tom *487, 509*
Caruso Victor *510*
Cassandre A. M. *199*
Castle Jason *206*
Chansler Kim Buker *30, 31, 42, 43, 76*
Cooper Oswald *473*
Crossgrove Carl *30, 31, 42, 43, 76*
Cummings John F. *208*
Curtis Nick *124, 157, 161, 162, 164, 165, 167, 168, 169, 170, 173, 176, 180, 181, 186, 188, 189, 190, 192, 193, 195, 200, 202, 205, 214, 218, 219, 222, 322, 349, 351, 364, 369*

D

Daines Mike *470*
Davis Stanley *416*
Debus David M. *449*
Deck Barry *547, 560*
Diethelm Walter J. *389*
Dinner Rafael *515*
dnor *101*
Donnell P. *604*
Duman Ferdinay *601*

E

Eckmann Otto *90*
Eidenbenz H. *79*
Erbar Jakob *203, 233, 318*
Excoffon Roger *344, 352, 434*

F

Farrell Stephen *565*
Ferrera Steve *156, 419*
Fieger Vic *255*

Field Keith *119, 523*
Fischer Jakob *242, 454*
Ford Randy *223*
Fordyce James *25*
Forster Tom *116*
Frutiger Adrian *407, 451, 606*

G

Gast Rich *417, 443, 526, 590*
Geddes Tony *529*
Genova Romula *476*
George Jeff *498*
Gerstner Karl *605*
Gill Eric *246*
Gillé J. *27, 62*
Gillies William S. *367*
Goldsmith Holly *153*
Goller Ludwig *236*
Goudy F. W. *60*
Griffin Patrick *302, 304, 404*
Griffith Chauncey H. *281*
Grimshaw Phill *92*
Grunin Eric *152*
Guimard Hector *87*

H

Hachmang Koen *447*
Hansen Christopher *530*
Hansen Jonas Borneland *248*
Harling Robert *51, 388*
Harris David *497*
Heidorn Petra *94, 311*
Helzel Gerhard *26, 68, 292, 293, 309*
Hoefer Karlgeorg *393*
Hoffmann H. *328*
Höhnisch Walter *293*
Huxley Walter *178*

J

Jakob Gerd Sebastian *211*
Janssen Rob *263*
Jensen Dick *455*
Jones D. *604*
Jost Heinrich *276*

K

Kaden Joel *534*
Kallarsson Claes *413*
Kaufmann Max R. *365*
Keedy Jeffery *562*
Kegler Richard *239, 240, 254*
Kegler Denis *240*
Klein Manfred *73, 234, 235, 291*
Klinkmüller Kristina *588*
Koch Rudolf *220, 231, 297*
Köckerling Christoph *577*
Kowalczyk Romuald *252*
Krebs Benjamin *184*

L

Lambert Fred *375, 411*
Lange Günter Gerhard *340, 345, 403*
Larabie Ray *346, 408, 522, 598*
Ledin Tom *110*
Lee Geoffrey *414*
Licko Zuzana *543, 554, 556, 557, 558, 559, 561, 587*
Lind Barbara *34*
Lipton Richard *54, 183*
Lloyd Paul *61, 64, 65, 71*
Lohner Harold *210, 215, 330*
Lubalin Herb *475, 509*
Ludlow Dennis *506*

M

Macagba Jonathan *323*
Makela P. Scott *564*
Marder C. C. *60*
Mare *385*
Matheis Helmut *341*
Meeks Alan *300, 466, 507*
Meyer Hans Eduard *435*
Middleton Robert Hunter *198, 216*
Miedinger Max *404, 436*
Mueller Richard William *175, 495*
Mulier E. *122*
Murphy Tom *575*

N

Nagel Sebastian *238*
Nalle David *97, 465, 525*
Nelson Brad O. *494, 532*
Newlyn Miles *550*
Newman Bob *421, 514*
Nolte Foxx *569*
Novarese Aldo *409, 452*
Nowak Bartek *123, 213*

O

Onions Grass *490*
Oppenheim Louis *296*

P

Parker Wadsworth A. *160*
Parkinson Jim *517*
Perkins Matt *250, 440, 445*
Post Herbert *284*
Powell Gerry *325*

Q

Quay David *568*

R

Rakowski David *126, 143, 527, 580*
Recife Eduardo *571, 572, 581, 583*
Redick Joy *28*
Reiner Imre *301, 354, 379*
Renner Paul *230, 258, 280, 319, 372, 384*
Rigaud Louis *362*
Rodes David *499*

S

Salzmann Max *185*
Sciullo Pierredi *582*
Shaar Edwin W. *314, 315*
Siengalewicz Hannes *172*
Sjöholm Benoît *259*
Smeijers Fred *247*
Smith Robert E. *390*
Spiekermann Erik *544*
Stan Tony *534*
Steffmann Dieter *18, 20, 35, 39, 41, 48, 49, 62, 66, 67, 70, 78, 89, 95, 98, 99, 102, 105, 106, 107, 113, 114, 115, 121, 127, 129, 131, 134, 135, 137, 138, 139, 140, 142, 143, 144, 145, 171, 283, 286, 287, 288, 289, 294, 303, 308, 312, 313, 342, 348, 392, 512, 519*
Steinbach Marian *251*
Strietzel Patrick *319*

T

Thorowgood William *75*
Tiemann Walter *316*
Tissi Rosemarie *594*
Trump Georg *275, 360, 361, 382, 387*
Twombly Carol *30, 31, 42, 43, 76*

V

Valicenti Rick *555*
VanderLans Rudy *558, 587*

Register der Schriftentwerfer

W

Walden Allen R. *586*
Wall Nancy *395*
Wall Robert *395*
Ware Richard A. *548*
Watanabe Tomoyuki *197*
Weisert Otto *111*
Wenman Tony *462, 486*
Whitlock W. *604*
Wiescher Gert *264*
Wilke Martin *339*
Windsor Melinda *430*
Winkow Carlos *353*
Wolf Rudolf *299*
Wolpe Berthold *285*

Z

Zadorozny Daniel *260, 262, 431*
Zapf Hermann *356, 357, 377*
Zapf-von Hesse Gudrun *381*
Zimmermann Ingo *596*

Register der Foundries

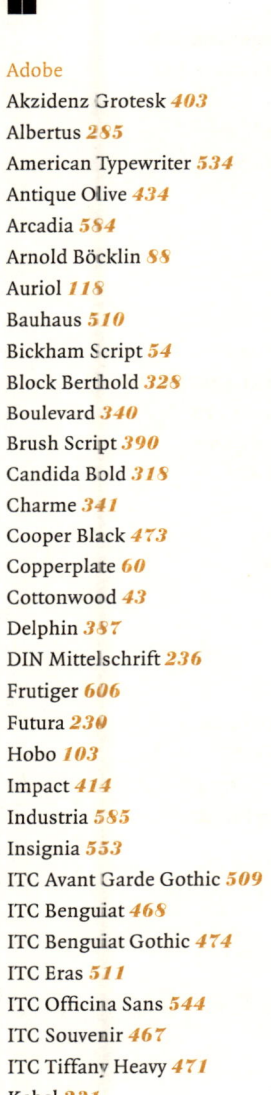

Adobe
Akzidenz Grotesk *403*
Albertus *285*
American Typewriter *534*
Antique Olive *434*
Arcadia *584*
Arnold Böcklin *88*
Auriol *118*
Bauhaus *510*
Bickham Script *54*
Block Berthold *328*
Boulevard *340*
Brush Script *390*
Candida Bold *318*
Charme *341*
Cooper Black *473*
Copperplate *60*
Cottonwood *43*
Delphin *357*
DIN Mittelschrift *236*
Frutiger *606*
Futura *230*
Hobo *103*
Impact *414*
Industria *585*
Insignia *553*
ITC Avant Garde Gothic *509*
ITC Benguiat *468*
ITC Benguiat Gothic *474*
ITC Eras *511*
ITC Officina Sans *544*
ITC Souvenir *467*
ITC Tiffany Heavy *471*
Kabel *231*
Kaufmann *365*
Melior *356*
Mercurius Bold Script *354*
Mesquite *28*
Mistral *344*
Mojo *517*
Neuland *297*
OCR-A *451*
Parisian *177*
Peignot *199*
Pepperwood *30*
Ponderosa *76*
Poplar *34*
Post-Antiqua *284*
Raphael *130*
Reporter Two *353*
Rosewood *42*
Rotis Sans Serif *545*
Rotis Semi Serif *551*
Serpentine *455*
Smaragd *381*
Syntax *435*
Umbra *216*
Univers *407*
Zebrawood *31*

Ænigma Fonts
Chintzy CPU BRK *425*

Berthold
Berthold City Bold *275*
Gerstner Original *605*
Normande BT *19*

Bitstream
Amelia *416*
Bank Gothic *245*
Bell Gothic Black *281*
Bernhard Modern *320*
Blippo BT *478*
Bremen *183*
Clarendon BT Black *79*
Compacta *411*
Engravers Gothic *53*
Engravers Roman *56*
Folio *432*
Huxley Vertical *178*
News Gothic BT
    Bold Condensed *607*
Orbit-B *418*
Schadow Black *360*
Tango *504*

Bumbayo Font Fabrik
Egyptientto2 *44*

Canada Type
Blackhaus *302*
Leather *304*
Miedinger *404*
Trump Gothic (East) *382*

Castle Type
Metropolis CT *206*
Sculptura CT *389*

Cyclone Graphics
Retroheavy Future *444*

Digital Graphic Labs
Shagadelic *489*

Register der Foundries

E

Elsner + Flake
Eckmann *113*
EF Radiant *198*
Futura Script EF *372*

Emigre
Arbitrary *560*
Citizen *556*
Dead History *564*
Democratica *550*
Keedy Sans *562*
Lunatix *554*
Matrix *561*
Modula *543*
Oblong *558*
Senator *559*
Template Gothic *547*
Triplex *557*
Variex *587*

enStep Incorporated
Puppylike *463*

F

Fenotype Typefaces
Disco 1 *501*
FT Rosecube *36*

Fleisch & Apostrophic Labs
Hadley *108*

Fontalicious Fonts
Alba Super *502*
Atomic *412*
Baby Kruffy *520*
Magnum *278*
Moderna *243*

Spacebeach *483*
SpeedFreek *427*
Velcro *484*
Weltron 2001 *531*

Font Bureau
Bradley Initials *196*
Nobel *247*

Fontcraft
Adresack *97*
Butterfield *465*
Hendrix *525*

Fontdiner
Air Conditioner *368*
Keep on Truckin *494*
Rocket Script *373*
Turnpike *267*

FontFont
Blur *546*
Scratched Out *582*

Fonthaus
Corvinus *379*
Pike *359*

fonts.info
Iwan Reschniev *238*

Fuelfonts
Jade Monkey *413*

H

Haroldsfonts
PopUps *215*
SavingsBond *330*
Sunset *210*

Hihretro
Augsburger Schrift *91*
Mulier Moderne *122*

House of Lime
Paisley Caps *59*

I

Iconian
Avenger *262*
Disco Deck Shadow *599*
Droid Lover *423*
Stuntman *260*
Zyborgs *431*

Ingofonts
Deko *596*

J

Jester Font Studio
JF Ferrule *33*
JF Ringmaster *17*
JF Spring Fair *23*

K

K-Type
Victor Moscoso *491*

L

Larabie Fonts
Baveuse *522*
Bullpen 3D *346*

CrackMan *598*
Steelfish *408*

Linotype

Annlie *375*
Bernhard Fashion *158*
Beton *276*
Binner Gothic *208*
Bottleneck *462*
Broadway *155*
Bronx *568*
Buster *486*
Candice *466*
Champion *345*
Chevalier *388*
Choc *352*
Commercial Script *52*
Countdown *428*
Crillee *604*
Data70 *421*
Dharma *211*
Diskus *339*
Dolmen *155*
Egyptian (100) Bold Condensed *72*
English Script (100) Bold *57*
Erbar *233*
Eurostile *452*
Fanfare *296*
Flamenco Inline *529*
Flamme *300*
Frankfurter Highlight *514*
Futura LT Black *258*
Futura Display *384*
Gallia MT *160*
Gill Sans *246*
Gillies Gothic *367*
Harlow *535*
Hawthorn *470*
Helvetica *436*
Isonorm 3098 *549*
ITC Pioneer *487*

ITC Vintage *153*
Julia Script *497*
Kalligraphia *111*
Knightsbridge *507*
Koloss *203*
Lazybones *492*
Linotype BlackWhite *601*
Madame *27*
Matura MT *301*
Memphis *299*
Metropolitaines *87*
Micrograma LT Bold Extended *409*
Modernique *207*
Octopuss *503*
Okay *314*
Onyx *325*
Plak *280*
Playbill *51*
Pump Triline *479*
Renner Antiqua *319*
Rennie Macintosh *92*
Rockwell *327*
Ronda *475*
Rundfunk Grotesk *329*
Salto *393*
Saphir *377*
Shatter *602*
Sinaloa *594*
Sistina *357*
Slipstream *603*
Smack *567*
Stilla *528*
Stymie *277*
Thorowgood *75*
Tiemann *316*
Willow *116*
Xylo *184*
Zeppelin *220*

Misprintedtype

Broken 15 *571*
Diesel *581*
Guilty *583*
Moksha *572*

Myfonts

Bernard MT Condensed *321*
Forum I *361*
Lorraine Script *496*

N

Nicksfonts

Anagram *200*
Copasetic *195*
Drive-Thru *164*
DrumagStudioNF *186*
EmpireState *165*
FancyPants *190*
FullTiltBoogie *157*
GuinnessExtraStout *168*
HamburgerHeaven *202*
HeraldSquare *180*
Jumbo Mumbo *192*
Labyrinth *162*
Metro-Retro *161*
MyGalSwoopyNF *193*
Nickelodeon *205*
Odalisque *176*
ParkLane *173*
Platonick-Normal *167*
RitzyRemix *188*
Rivanna *124*
Sarsaparilla *181*
Sesquipedalian *189*
Sho-Card-Caps *219*

Register der Foundries

P22
P22 Albers *254*
P22 Bayer Universal *240*
P22 Constructivist *239*

Pizzadude
As seen on TV *454*
Mamma Gamma *242*

Romana Hamburg
Bernhard-Fraktur Extrafett *309*
Element Schmal *292*
Moderne Kirchen-Gotisch *68*
National Schmalfett *293*
Verzierte Musirte Gotisch *26*

SDFonts
Speedlearn *265*

shk.dezign
cheek2cheek (black!) *424*

Shy Fonts
SF Groove Machine *482*

Stereo Type
Marcelle Script & Swashes *343*

Tepi Monkey Fonts
Qhytsdakx *439*

The Font Emporium
Crazy Killer *574*

URW
Flash *315*

Village
UltraBronzo *555*

Volcano Type
Geomi *588*

West Wind Fonts
Cast Iron *38*

Wiescher Design
Futura Classic *264*

Register der Abbildungen

A
Allen Terry *191*
Ames Design *429*

B
Bianco Giovanni *477*
Big Active *563*
Brody Neville *552*
Bundscherer Michael *437*
Burnfield *533*
Burton Nathan *505*
Byzewski Michael *279*

C
C100 Purple Haze *141, 249, 469, 589, 593*
Cabarga Leslie *317*
Cleveland John *524*
Cordier Eugen Max *386*

D
Doyle Partners *179*
Drueding Alice *217*

E
Edgar Freecards *597*
Engelmann Michael *410*
Estudio Duró *45*

F
Flato Hans *204*
Fleckhaus Willy *508*
Fons Hickmann m23 *347, 441*

G
Gall John *55*
Gardner James H. *516*
Gerstner Karl *398, 402*
Gice Lindsey *69*
Goldberg Carin *241*
Gowing Mark *415*

Grapus *566*
Gray Jon *363, 383, 493*
Greiman April *600*
Günder Gabriele *542*

H
Hampton Justin *513*
Hohlwein Ludwig *270, 290*
Houston Penelope *576*

I
Ibarra Dan *279*
Imboden Melchior *453*

J
Jon Valk Design *209*

K
King Scott *573*

L
Lissitzky El *266*
Lösch Uwe *295*
Louise Fili Ltd. *159*
Lure Design *29*

M
Mende Design *355*
Morrow McKenzie Design *187*
Moser Koloman *104*
Mucca Design *37*
Munn Jason *21, 63*
Mutabor Design *221*

N
Nelson Sarah *331*

O
Olbrich Josef Maria *96*

P
Park Sungjin *433*
Pearson David *117, 125*
Planet Propaganda *391*
Push Pin Studio *500*

R
Ramalho Lizá *371*
Rebelo Artur *371*
Reid Jamie *570*
Richez Jacques *488*
Rieser Willi *472*

S
Sandstrom Design *237*
Scorsone Joe *217*
Stepien Jakub *261*

T
Thibaudeau F. *136*
Thompson Harold *58*
Tschichold Jan *226, 232, 244, 256*

U
Unidad Editorial S. A. *201*

V
Vest Brady *77*

W
Werner Sharon *331*
Wilson Gabriele *55*

Impressum

© 2009
Verlag Hermann Schmidt Mainz (und beim Autor)
Erste Auflage

Konzept, Text und Gestaltung Gregor Stawinski

Basisschriften FF Quadraat, Bauer Bodoni
Druck Universitätsdruckerei H. Schmidt Mainz
Farben Hochpigmentierte Anivafarben von Epple
Buchbinderei Schaumann, Darmstadt
Papier Lessebo Design, holzfrei geglättet weiß, 1,3 Vol.,
90 g/m² PEFC

Wir übernehmen Verantwortung. Nicht nur für Inhalt und Gestaltung, sondern auch für die Herstellung:

Das Papier für dieses Buch stammt aus sozial, wirtschaftlich und ökologisch nachhaltig bewirtschafteten Wäldern und entspricht deshalb den Standards der Kategorie »FSC Mixed Sources«.
    Die Abwärme, die beim Drucken dieses Buches entstand, wird konsequent zur Klimatisierung der Büroräume von Druckerei und Verlag genutzt. So können wir weitgehend auf fossile Brennstoffe verzichten – ein kleiner Beitrag zum besseren Klima.
    Außerdem ist die Druckerei FSC- und PEFC-zertifiziert. FSC (Forest Stewardship Council) und PEFC (Programme for the Endorsement of Forest Certification Schemes) sind Organisationen, die sich weltweit für eine umweltgerechte, sozialverträgliche und ökonomisch tragfähige Nutzung der Wälder einsetzen, Standards für nachhaltige Waldwirtschaft sichern und regelmäßig deren Einhaltung überprüfen. Durch die Zertifizierung ist sichergestellt, dass kein illegal geschlagenes Holz aus dem Regenwald verwendet wird, Wäldern nur so viel Holz entnommen wird, wie natürlich nachwächst, und hierbei klare ökologische und soziale Grundanforderungen eingehalten werden.

»Die Zukunft sollte man nicht vorhersehen wollen, sondern möglich machen.« Antoine de Saint-Exupéry

Alle Rechte vorbehalten.
Dieses Buch oder Teile dieses Buches dürfen nicht vervielfältigt, in Datenbanken gespeichert oder in irgendeiner Form übertragen werden ohne die schriftliche Genehmigung des Verlages.

In einigen Fällen konnten die Rechteinhaber der Schriften und Bilder nicht ermittelt werden; sollten Rechtsansprüche bestehen, bitten wir um Rücksprache mit dem Verlag.

Verlag Hermann Schmidt Mainz
Robert-Koch-Straße 8
55129 Mainz
Tel. 06131/506030
Fax 06131/506080
info@typografie.de
www.typografie.de
facebook:
Verlag Hermann Schmidt Mainz
twitter: VerlagHSchmidt

www.retrofonts.de

ISBN 978-3-87439-784-1
Printed in Germany with love.